Europäische Kulturstraßen und Naturwege 2.0: Vermittlung von kulturellem Erbe mit mobilen Informations- und Kommunikationstechnologien am Beispiel des Weitwanderweges „SalzAlpenSteig"

Dieser Band ist Teil der Schriftenreihe „InnovationLab Arbeitsberichte“ des Forschungsbereichs InnovationLab der Salzburg Research Forschungsgesellschaft mbH.
Die Schriftenreihe dokumentiert Ergebnisse aus Forschungs- und Innovationsprojekten.

ISBN 978-3-734786-88-4

Veronika Hornung-Prähauser und Diana Wieden-Bischof:

Europäische Kulturstraßen und Naturwege 2.0:
Vermittlung von kulturellem Erbe
mit mobilen Informations- und Kommunikationstechnologien
am Beispiel des Weitwanderweges „SalzAlpenSteig“

Band 1 der Reihe „InnovationLab Arbeitsberichte“,
herausgegeben vom Forschungsbereich InnovationLab
der Salzburg Research Forschungsgesellschaft mbH

Verlag und Herstellung: Book on Demand, Norderstedt
Umschlaggestaltung: Daniela Gnad, Salzburg Research

Dieser Band beruht auf Ergebnissen des EU-Projekts
CERTESS – European Cultural Routes: Transferring Experiences, Sharing Solutions.
Webseite: http://www.salzburgresearch.at/projekt/certess

Bibliografische Information der Deutschen Nationalbibliothek:

Die Deutsche Nationalbibliothek verzeichnet diese Publikation
in der Deutschen Nationalbibliografie; detaillierte bibliografische
Daten sind im Internet über http://dnb.d-nb.de abrufbar

Vorwort

Das europäische Projekt CERTESS „European Cultural Routes Transfer Experiences Share Solutions“ (2012-2014) hat zum Ziel die methodische Entwicklung, das Management sowie die Verbesserung und den Ausbau europäischer Kulturstraßen und Naturwege zu unterstützen. Dabei wurden Erfahrungen von insgesamt vierzehn europäischen Partnerinstitutionen aus zwölf verschiedenen Ländern ausgetauscht und gemeinsam Lösungen erarbeitet, die auch in der jeweiligen Region des Herkunftslandes nützlich sein sollen.

Von Projektbeginn an hat Salzburg Research als österreichischer CERTESS-Partner aktiv regionale und lokale Trägerorganisationen von Kulturstraßen, kultureller Sehenswürdigkeiten, Museen und Archive, Anbieter von Themenstraßen und -wegen sowie Unternehmen und ExpertInnen aus dem IT-Bereich und Multimedia in das Projekt mit eingebunden. Sie konnten einerseits von europäischen Lösungen und Good-Practice-Fallbeispielen profitieren und andererseits ihre derzeit laufenden Aktivitäten durch neue Methoden und Inputs aus dem Projekt erweitern (z. B. durch Nutzung der CERTESS-Wissensdatenbank, Leitfaden für den Aufbau einer europäischen Kulturstraße und Teilnahme an der CERTESS-Konferenz und den Workshops).

Viele dieser Institutionen und deren fachkundige MitarbeiterInnen haben mit ihren Ideen, Vorschlägen, Kritik und Anregungen zum Projektthema dazu beigetragen, dass wir den vorliegenden Band 1 der neuen Reihe „InnovationLab Arbeitsberichte“ mit Auszügen der Ergebnisse des CERTESS-Projekt erstellen konnten. Ein besonderer Dank gilt den Kooperationspartnern des grenzüberschreitenden Naturweges „SalzAlpenSteig“ (http://www.salzalpensteig.com), die uns ermöglichten, das Konzept „Europäische Kultur 2.0“ im Rahmen eines regionalen Showcases auch in der Praxis zu erproben. Auch danken wir den drei Studierenden der IUBH - School of Business and Management, Campus Bad Reichenhall Carolin Fischer, Adrian Lipp und Susanne Schöndorfer für die Befragung potentieller Nutzer/innen und einer Usability-Analyse sowie dem Kollegen Werner Moser für die Umsetzung der SalzAlpenSteig-App.

Veronika Hornung-Prähauser und Diana Wieden-Bischof
Salzburg Research Forschungsgesellschaft, April 2015

FSC
www.fsc.org
MIX
Papier aus verantwortungsvollen Quellen
Paper from responsible sources
FSC® C105338

Inhalt

1 Einleitung und Hintergrund

Die Schaffung und Etablierung von Kulturstraßen und -wegen dient in Europa seit mehreren Jahrzehnten der Entwicklung touristischer Netzwerke und Attraktionen. Mit dem Wandel der Interessen von Touristinnen und Touristen und den Veränderungen der Kommunikationsmöglichkeiten und -formen durch IKT im weitesten Sinne stellt sich auch die Frage inwieweit Europäische Kulturstraßen diese neuen Informations-, Kommunikations- und Interaktionsmöglichkeiten nutzen können, um regionales Kulturerbe in alternativer Form vermitteln zu können und nachhaltigen Tourismus zu fördern. Im vorliegenden Buch werden wir an einem konkreten Beispiel – dem SalzAlpenSteig im österreich-bayerischen Grenzgebiet – aufzeigen, wie dazu mobile Technologien und Social Media eingesetzt werden können. Grundlagen sind dabei zum einen eine kurze Einführung zu den europäischen Kulturstraßen und den Bedürfnissen der Touristinnen und Touristen. Zum anderen wird mit Hilfe von zahlreichen Beispielen allgemein aufgezeigt, wie mobile Informationstechnologien und Social Media für Kultur- und Themenstraßen eingesetzt werden (können).

Dieser Report ist dabei ein Auszug der Ergebnisse des dreijährigen EU-Forschungsprojekts „European Cultural Routes: Transferring Experiences, Sharing Solutions" (CERTESS 2011-2014), welches zur Aufgabe hat, die methodische Entwicklung, das Management sowie die Verbesserung und den Ausbau europäischer Kulturstraßen und Themenwege zu unterstützen. Solch ein Zusammenschluss von mehreren kulturellen Sehenswürdigkeiten und Regionen zu einer „Kulturstraße- oder Naturroute" soll beitragen, regionales Kulturerbe in alternativer Form zu vermitteln und nachhaltigen Tourismus zu fördern. Ziele im EU-Projekt CERTESS waren daher erstens, die Sammlung und Präsentation von Best-Practice-Beispielen und zweitens die Entwicklung eines Management-Handbuchs zur Umsetzung von Kooperationen und Netzwerken europäischer Kulturstraßen und Naturwege (Good-Governance-Instrumente). Interessierten KulturtouristikerInnen steht dazu nun auf der CERTESS-Plattform eine kostenlose, öffentliche Wissensbasis zur Verfügung. Darin findet sich eine umfangreiche Sammlung von europäisch bereits erprobten Arbeitshilfen rund um die Entwicklung und das Netzwerk-Management von Kulturstraßen und Themenwege (Projekthomepage: http://certess.culture-routes.lu/).

Darüber hinaus sollen drittens diese in der ersten Phase des Projektes ausgetauschten Erfahrungen auch zu konkreten Innovationsvorhaben bei bestehender oder neu zu errichtenden Kulturstraßen und Naturwege in den beteiligten zwölf Regionen führen. Angeregt durch die vielen Good-Practice-Beispiele und Good-Governance-Instrumente unterstützt CERTESS die Umsetzung neuer oder die Weiterentwicklung bestehender europäischer Kulturstraßen[1].

Im Fokus der regionalen Implementierungsarbeiten von Salzburg Research stand die Fragestellung, wie kulturelles Erbe mit Hilfe von mobilen Technologien und sozialen Medien für die Weiterentwicklung bei Kulturstraßen und Themenwege gezielt einge-

[1] Für die Beschreibung aller der dabei entstandenen Pilotprojekte siehe auch den CERTESS Final Report: http://certess.culture-routes.lu/sites/default/files/project-docs/Certess-Final%20Publication.pdf.

setzt werden kann? Wie lassen sich digitale Innovationen für touristische Themenwege erschließbar machen? Wie werden sie in der Praxis nachhaltig und gezielt eingesetzt?

Der vorliegende Report zeigt auf, welche multiplen Informationsanforderungen BesucherInnen einer Kulturstraße heute haben (Kapitel 2), wie europäisches Kulturerbe multimedial, kreativ und partizipativ in grenzüberschreitenden Kulturstraßen und Themenwegen vermittelt werden kann (Kapitel 3) und wie die komplexen Informationsanforderungen von Kultur- und NaturtouristInnen in einem grenzüberschreitenden Themenweg mit mobilen Informationstechnologien und Social Media unterstützt werden können und welche Schritte für weitere Umsetzungen notwendig sind (Kapitel 4).

2 Kulturstraßen und -wege und ihre BesucherInnen

Dieses Kapitel zeigt auf, was unter einer europäischen Kulturstraße bzw. Themenroute zu verstehen ist, wie sich deren Besucherinnen und Besucher und ihre Bedürfnisse beschreiben und charakterisieren lassen.

2.1 Was ist eine (europäische) Kulturstraße?

Bereits 1964 nahm die Arbeitsgruppe „L'Europe continue" des Europarats die kulturelle Geographie Europas zum Ausgangspunkt, um ein touristisches Netzwerk aufzubauen. Es dauerte jedoch noch fast zwei Jahrzehnte, bis in den achtziger Jahren des 20. Jahrhunderts der „Rat für kulturelle Zusammenarbeit" europäischen Kulturstraßen eine offizielle Definition zuwies:

"Eine europäische Kulturstraße ist ein Weg durch ein oder mehrere Länder oder Regionen, der sich mit Themen befasst, die wegen ihres geschichtlichen, künstlerischen und sozialen Interesses, europäisch sind, sei es auf Grund der geographischen Wegführung, oder des Inhaltes und der Bedeutung." (VIA REGIA)

Das Kulturerbe verschiedener Länder Europas soll anhand von ausgesuchten Orten und Wegen für den Tourismus erschlossen und dadurch das Bewusstsein für eine gemeinsame europäische Kultur geweckt werden. Die erste auf Vorschlag des Europarats eingeweihte europäische Kulturstraße war der Pilgerweg nach Santiago de Compostela im Jahr 1987. Seither sind 28 weitere Kulturstraßen (Stand: Nov. 2014)[2] hinzugekommen.

Zur Qualitätssicherung der wachsenden Zahl der Europäischen Kulturstraßen wurden die Zuständigkeitsstrukturen angepasst und diese aus der unmittelbaren Kompetenz des Europarats gelöst[3]. Auf Grundlage derselben Resolution ist nun auch die Zusammenarbeit mit Anrainerstaaten außerhalb der EU möglich (BMFIT, 2012).

2.2 Gestaltung und Planung von Kulturstraßen

Das Bundesministerium für Wirtschaft, Familie und Jugend (kurz: BMFIT) hat im Jahr 2012 ein Handbuch[4] für die Praxis veröffentlicht, welches die nötigen Schritte und Anforderungen beschreibt, um die Zertifizierung für eine Kulturstraße zu erhalten. Aus dem EU-Projekt CERTESS steht seit einigen Monaten für interessierte TouristikerInnen zudem eine Wissensbasis samt umfangreicher Sammlung von Arbeitshilfen rund um die Entwicklung und das Management von Kulturrouten und Naturwege sowie Good-

[2] Eine Liste der europäischen Kulturstraßen ist unter folgendem Link abrufbar: http://www.coe.int/t/dg4/cultureheritage/culture/routes/default_en.asp

[3] Council of Europe (2010). Resolution CM/Res(2010)53 establishing an Enlarged Partial Agreement on Cultural Routes. Online unter: https://wcd.coe.int/ViewDoc.jsp?id=1719265&Site=CM&BackColorInternet=C3C3C3&BackColorIntranet=EDB021&BackColorLogged=F5D383 am 27.10.2014

[4] BMFIT – Bundesministerium für Wirtschaft, Familie und Jugend (2012). Europäische Kulturstraßen – Ein Handbuch für die Praxis. Online unter: http://www.bmwfw.gv.at/Tourismus/Veranstaltungen/Documents/Kulturhandbuch_HP_10%202%202013.pdf am 03.11.2014

Practice-Beispielen öffentlich zur Verfügung (http://certess.culture-routes.lu/db-search, vgl. Abbildung 1).

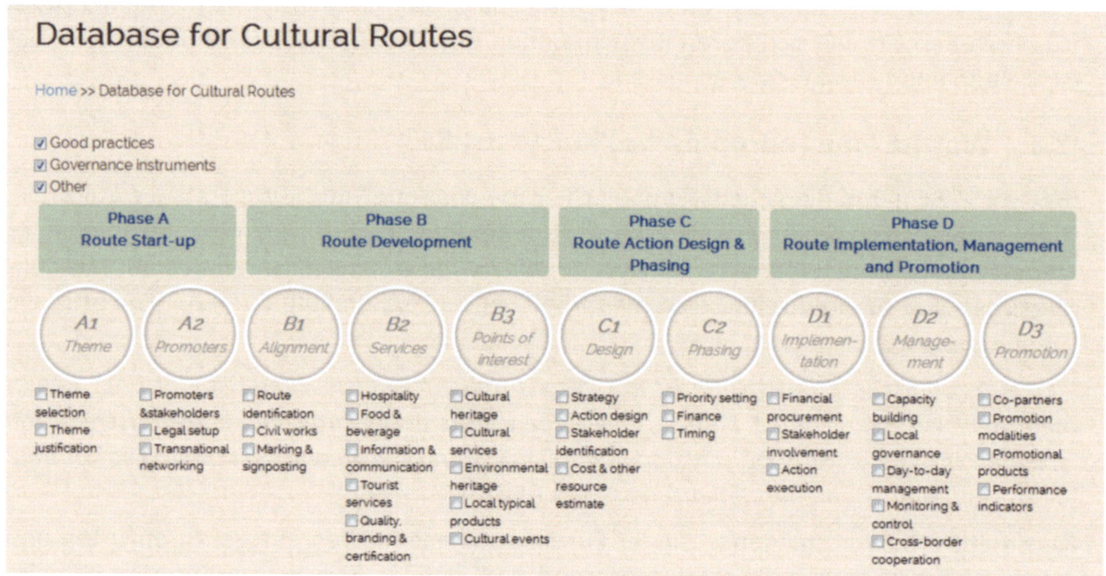

Abbildung 1: Wissensdatenbank für Kulturrouten und Naturwege. Quelle: CERTESS, 2014

2.3 Die Bedürfnisse der Touristinnen und Touristen zu Kulturstraßen

Wenn Kulturstraßen ihre Strategien überdenken oder Angebote anpassen möchten, stehen in der Regel die Bedürfnisse der (potentiellen) Touristinnen und Touristen im Fokus.

2.3.1 Zugänge zum Kulturtourismus

Kultur stellt eine touristische Ressource mit langer Tradition dar. Aus diesem Grund ist es nicht möglich, einen klaren historischen Ursprung des Kulturtourismus zu bestimmen. Auch eine allgemeingültige Definition existiert nicht, da die Begriffserläuterung stark von der Betrachtungsweise abhängig ist und der Kulturbegriff heterogen diskutiert wird. Einige der Definitionen werden im Folgenden vorgestellt.

Angebotsorientierte Definition des Kulturtourismus nach Becker (1993, S. 8): *„Der Kulturtourismus nutzt Bauten, Relikte und Bräuche in der Landschaft, in Orten und Gebäuden, um dem Besucher die Kultur- Sozial und Wirtschaftsentwicklung des jeweiligen Gebietes durch Pauschalangebote, Führungen, Besichtigungs-Möglichkeiten und spezielles Informationsmaterial nahe zu bringen. Auch kulturelle Veranstaltungen dienen häufig dem Kulturtourismus."*

Nachfrageorientierte Definition des Kulturtourismus nach Steinecke (2002, S. 10): *„Der Kulturtourismus umfasst alle Reisen von Personen, die ihren Wohnort temporär verlassen, um sich vorrangig über materielle und/oder nicht materielle Elemente der Hoch- und Alltagskultur des Zielgebietes zu informieren, sie zu erfahren und/oder zu erleben."*

Wertorientierte Definition von Kulturtourismus nach Lindstädt (1994, S. 11): *„Kulturtourismus ist eine Angebotsform im Tourismus, die versucht, dem bildungsorientierten Besucher kulturelle Eigenarten und Ereignisse in einer Region nahe zu bringen und ihn durch geeignete Kommunikationsmittel mit ihr in Kontakt treten zu lassen. Als kulturelle Eigenart gilt, was bei den Besuchern Verständnis für die besuchte Region schafft, Hintergründe beleuchtet und Unbekanntes erfahren lässt. Kulturtourismus zielt auf die Vermittlung früherer und heutiger Lebensweisen der einheimischen Bevölkerung in ihrem sozialen und ökonomischen Umfeld einschließlich ihrer materiellen und baulichen Umgebung ab."*

Der Kulturtourismus selbst kann zusammenfassend nach unterschiedlichen Blickpunkten gegliedert und in verschiedene Typen eingeteilt werden. Der motivorientierte Typ des Kulturtourismus, der die Motive der Reisenden fokussiert, der angebots- und veranstaltungsorientierte Typ, der unterschiedliche Themen und Angebote unter dem Begriff „Kultur" touristisch vermarktet und ins Zentrum stellt sowie der Typ des Kulturtourismus welcher nach dem raum-zeitlichen Fokus die Reise gliedert. In diesem Beitrag beschränken wir uns auf den motivorientierten Typen. (Steckenbauer, 2004)

2.3.2 Bedürfnisse von Kulturtouristinnen und -touristen

Eine vom „Irish Tourist Board" vorgeschlagene motivorientierte Typenbildung unterscheidet danach, ob eine Reise hauptsächlich aus „kulturellen Gründen" gemacht wird, oder ob Kultur ein Reisemotiv neben anderen darstellt, denn vielen TouristInnen dienen kulturelle Aktivitäten nur zur Ergänzung des geplanten Urlaubs. Nur 9 Prozent aller TouristInnen gehören, dem „European Cultural Tourism Project" der European Association for Tourism and Leisure Education (ATLAS) zufolge, zu den „KulturtouristInnen im engeren Sinne" (Engl. specific cultural tourists). Für diese Touristen ist demzufolge die Kultur der Hauptgrund oder zumindest ein wichtiger Grund warum sie eine Reise zu kulturhistorisch bedeutsamen Bauwerken, zu kulturellen „Events" (z. B. Festspiele, Opern, Musicals, Ausstellungen, (Kunst-) Messen) oder mit dem Motiv des Kennenlernens der Kultur der einheimischen Bevölkerung antreten (Ethnotourismus). (VIA REGIA, 2014)

TouristInnen, bei denen das Kulturmotiv schwächer ausgeprägt ist und bei denen neben anderen Urlaubsmotiven Kultur kein zentraler Inhalt ist, werden als „Kulturtouristen im weiten Sinne" (Engl. general cultural tourists) bezeichnet. Die Auseinandersetzung mit der Geschichte und Kultur oder der Besuch von regionalen Sehenswürdigkeiten einer Region werden von diesen Gästen zusätzlich zu anderen Aktivitäten während ihres Urlaubs wahrgenommen.

Zahlreiche Untersuchungen bestätigen, dass es unterschiedliche Interessens für den Kulturtourismus gibt. In diesem Beitrag orientieren wir uns an den Definitionen folgender Gruppierungen, welche auch von der VIA REGIA (2014) verwendet werden.

- **Kulturell sehr stark motivierte TouristInnen (15%):** Diese TouristInnen reisen in Städte oder Regionen, um Theater, Museen oder Festivals zu besuchen. Ihr wichtigster Reisegrund ist der Besuch eines kulturellen Ziels.
- **Kulturell inspirierte TouristInnen (30%):** Personen, deren Kulturmotiv partieller Natur ist, bilden die zweite Gruppe. Sie bereisen Städte nicht nur wegen ihres

Kulturangebots, sondern auch um beispielsweise Freunde zu besuchen. Das Kulturmotiv steht auf der gleichen Bedeutungsebene wie andere Reisemotive.

- **Kulturell angezogene TouristInnen (20%):** Jene Leute, für die Kultur das Bindeglied zu ihrem Hauptmotiv darstellt, suchen fremde Städte aus nicht-kulturellen Gründen auf. Dort angekommen, verhalten sie sich kulturellen Attraktionen gegenüber jedoch aufgeschlossen.
- **Gelegenheits-KulturtouristInnen (20%):** Für diese TouristInnen hat das Kulturmotiv noch weniger Bedeutung. Sie besuchen kulturelle Einrichtungen nur dann, wenn sie von Freunden mitgenommen werden oder wenn sie in unmittelbarer Nähe des Hotels liegen.
- **Kulturell unbeeindruckte TouristInnen (15%):** Dieser Anteil der TouristInnen lehnt generell kulturelle Aktivitäten im engeren Sinne ab.

2.3.3 Motivation von TouristInnen zum Besuch einer Kultur- und Themenstraße

Im Folgenden wird gezeigt wie sich die Zielgruppen bzw. die BesucherInnen von Kultur- bzw. von Naturwegen charakterisieren lassen. Brämer (1998, S. 10) unterscheidet zwischen sechs verschiedenen Haupttypen von Wandercharakteren. Er weist jedoch auch darauf hin, dass sich daraus noch viele Sonder- und Übergangstypen bilden lassen, die sich durch ihre spezifischen Motivlagen, Bedürfnisse und Gewohnheiten unterscheiden. Dies stellt TouristikerInnen vor eine Herausforderung, da es den" „einen" WanderInnen-Typ nicht gibt und neue innovative Konzepte erst auf die Vorlieben, Motive und Bedürfnisse zugeschnitten werden müssen, sofern diese bekannt sind (vgl. Abbildung 2).

Typ	Beschreibung
Naturgenießer	Natur erleben und entspannen
Entdecker	Erlebnis- und Abenteuerdrang
Sportwanderer	Körperliche Herausforderung
Bildungswanderer	Kulturelle Sehenswürdigkeiten
Geselligkeitswanderer	Miteinander
Individualist	Ungestörter Rückzug

Abbildung 2: WanderInnentypen nach Brämer. Quelle: Brämer 1998, S. 10

Genauso unterschiedlich wie die WanderInnentypen sind, sind auch die individuellen und unterschiedlichen Bedürfnisse und Motive, die die Menschen dazu bewegen wandern zu gehen. Die im Folgenden gelisteten Wandermotive haben sich laut Brämer (2014, S. 1) gegenüber den Ergebnissen der Grundlagenstudie im Jahr 2010 nicht verändert. Innenorientierte Motive wie „Stress abbauen", „frische Kraft sammeln", „zu sich selber finden" und „auf sich selbst besinnen" haben zwischenzeitlich sogar an Bedeutung gewonnen. Demgegenüber verloren die außenorientierten Motive der Wanderer wie beispielsweise „neue Eindrücke gewinnen" und „viel erleben" (vgl. Abbildung 3).

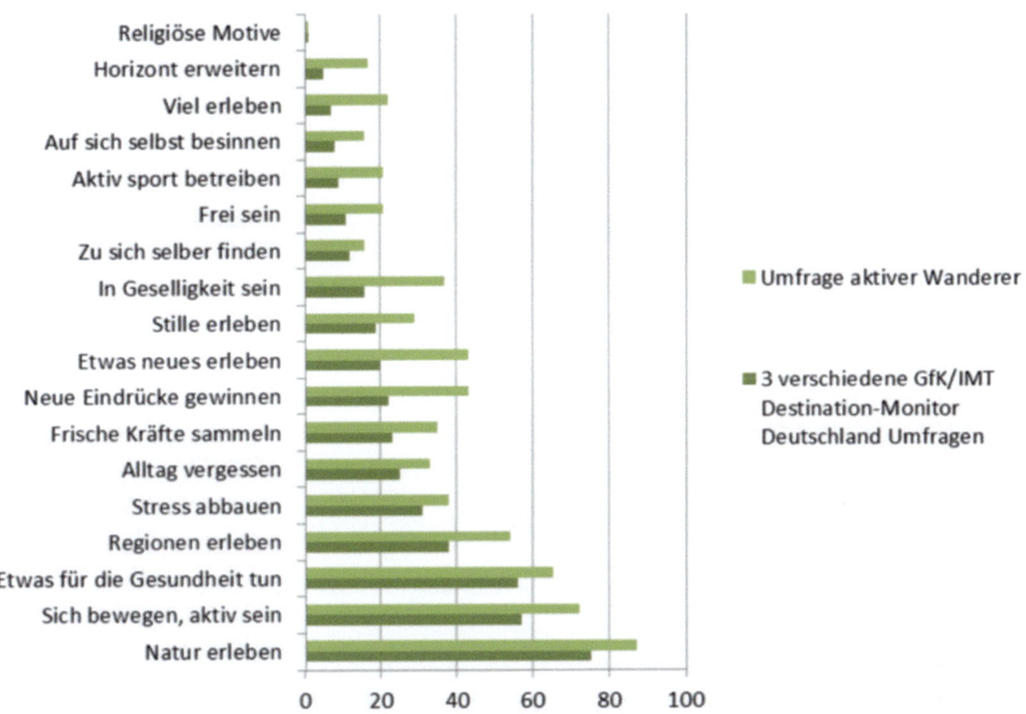

Abbildung 3: Wandermotive im Zeitwandel. Quelle: Brämer 2014, S. 2

Auch die Wanderziele variieren stark. Besonders beliebt sind Gipfel und Aussichtspunkte, gefolgt von Gewässern und Burgen (vgl. Abbildung 4).

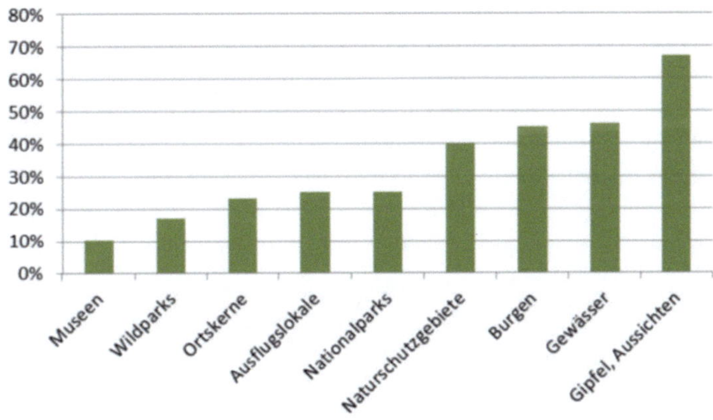

Abbildung 4: Wanderziele. Quelle: Brämer, 1998, S. 16

2.4 Multiple Informationsanforderungen

Zusammenfassend lässt sich hier sagen, dass KulturtouristInnen heute unterschiedliche Informationsbedürfnisse haben und multiple Anforderungen an ihr Reiseerlebnis stellen. Neben allgemeinen Reise-, Buchungs- und Logistikinformationen zu den einzelnen Destinationen entlang einer Themenroute, werden noch zusätzliche Informationen und

Vermittlungsmodi nachgefragt wie historisches Wissen zu verbindenden Themen der Kulturstraße, geschichtliches Erleben beim Besuch der Sehenswürdigkeiten, spielerisches Begegnen mit immateriellem Kulturerbe der Route wie z. B. traditioneller Musik, Tanz, Sprache, Essen sowie Reflexion und Mitwirken am Kulturerbe heute vor, während und nach dem Reiseerlebnis (vgl. Abbildung 5).

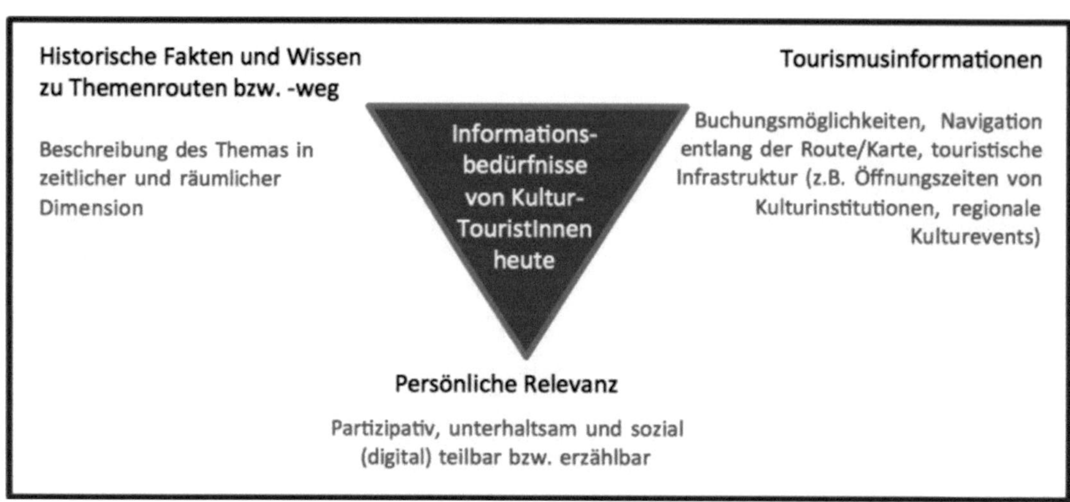

Abbildung 5: Komplexe Informationsbedürfnisse von KulturtouristInnen. Quelle: Salzburg Research, Hornung-Prähauser Veronika, 2014

Der folgende Zyklus stellt die verschiedenen Phasen einer Reise dar, welche ein/e Tourist/in durchläuft und sowohl offline als auch online unterstützt sein können. Wie man erkennen kann, beginnt die Reise des Gastes lange vor dem eigentlichen Aufbruch und Aufenthalt. Es gilt daher alle Bereiche von der Inspirations-, Planungs-, Buchungs-, Detailplanungs-, Anreise-, Aufenthalts-, Abreise- und Erzähl-Phase zu betrachten und konsequent alle Berührungspunkte mit dem Gast zu durchdenken. Besonders wichtig ist bei der Betrachtung dieses Zyklus, dass die BesucherInnen einer Kulturstraße diesen öfter durchschreiten, da er ja motiviert werden soll, zur nächsten Sehenswürdigkeit des gesamten Kulturstraßennetzwerkes bzw. anderer Point of Interest zu gehen bzw. zu besuchen. Fazit ist, dass dies das Management einer Kulturstraße vor spezielle Herausforderungen stellt (vgl. Abbildung 6).

Abbildung 6: Die Phasen der Reise. Quelle: Tourismusdesign GmbH, o.J.

3 Das Potential von mobilen Informationstechnologien und Social Media für Kultur- und Themenstraßen

Die Sichtbarkeit, der Wiedererkennungswert und der Einfluss einer Kultur- und Naturstraße kann durch die Unterstützung von geeigneten Informations- und Kommunikationstechnologien, digitalen Werkzeugen und mittels Social Media erheblich verbessert und gesteigert sowie aktiv für Kultur- und Wandergäste aufbereitet und virtuell erlebbar gemacht werden. Eine virtuelle Kulturstraße bietet demnach den zukünftigen BesucherInnen Zugriff auf Inhalte, die entweder unmittelbar relevant für die Route sind, eine visuelle Wahrnehmung des Weges und dessen zu besichtigende „Points of Interest" (POIs) erlauben, die die Möglichkeit bieten, den Besuch in einer Region des potentiellen Interesses zu planen und sich mit der Community von anderen Interessierten und Besuchenden zu vernetzen. Des Weiteren können sich Unternehmen und Serviceeinrichtungen präsentieren und ihre Angebote potentiellen BesucherInnen und KundInnen näher bringen. Der Einsatz von mobilen Endgeräten wie Smartphones oder Tablets bietet sich hier besonders an, da sie aufgrund ihrer Größe in der Hosentasche oder im Handgepäck Platz finden und einen integriertem GPS-Empfänger besitzen, der auch zum Navigieren eingesetzt werden kann. Des Weiteren verfügen sie über wichtige Attribute wie Lokalisierbarkeit, Erreichbarkeit und Ortsunabhängigkeit und sind daher für Outdoor-Aktivitäten gut geeignet.

Basierend auf Vorüberlegungen von Emmanouilidis, Koutsiamanis, Tasidou und Leontiadis (2013) werden in diesem Kapitel unterschiedliche mobilen Anwendungen vorgestellt, die sich potentiell sowohl vor Ort als auch virtuell für die Vermittlung von kulturellen Inhalten (materielles und immaterielles Kulturerbe) bei Kulturstraßen und Naturwege eignen. Dabei wird immer einer typischen Aktivität der „Kulturvermittlung im Raum" eine technologischen Anwendung gegenübergestellt, die diese unterstützt. Kurz wird dabei auch auf europäische Kulturstraßenbeispiele verwiesen, wo solche Anwendungen bereits in den letzten Jahren eingesetzt werden oder sich schon in pilothafter Erprobung befinden. Nähere Dokumentationen finden sich dazu jeweils auch in der CERTESS Good-Practice-Datenbank. Wenn keine Anwendungsbeispiele aus einer Kulturstraße vorhanden oder ergiebig waren, haben wir Umsetzungsbeispiele aus anderen Kontexten angeführt.

3.1 Navigation durch historische Zeit und Raum für Kulturstraßen und Naturwege

Nicht nur mobile GPS-gestützte Informations- und Navigationssysteme nehmen im Tourismus an Bedeutung zu, sondern auch die Möglichkeiten der Navigation innerhalb einer mobilen Applikation selbst finden Anklang.

3.1.1 Zeitliche Navigationsapplikation (Zeitreiseleiste)

Die Erforschung des kulturellen Erbes ist ohne Berücksichtigung der Zeit unmöglich. Zeitleisten eignen sich besonders, um anschaulich die zeitliche Dimension von Geschichte zu verdeutlichen. Es können größere historische Zeiträume markiert, Ereignisse lokalisiert, historische Situationen, Strukturen oder Prozesse mit visualisierenden Elementen wie Bildmaterialien, Animationen, Symbolen, informativen Texten oder erweiterter Realität (Engl. Augmented Reality) dargestellt und erläutert werden. Die digitale Zeitreise von der Vergangenheit in die Gegenwart und/oder Zukunft kann somit auf unterschiedliche kreative Art und Weise und Komplexität mithilfe von digitalen Werkzeugen visualisiert werden. Die Einsatzmöglichkeiten der Zeitreiseleiste sind vielfältig, eignen sich aber auch sehr gut zum Visualisieren des klimatischen Wandels oder Sichtbarmachen der Entwicklung eines Gletschers oder Ort- bzw. Stadtzentrums. (vgl. Emmanouilidis, Koutsiamanis, Tasidou & Leontiadis, 2013, S. 6, vgl. Abbildung 7).

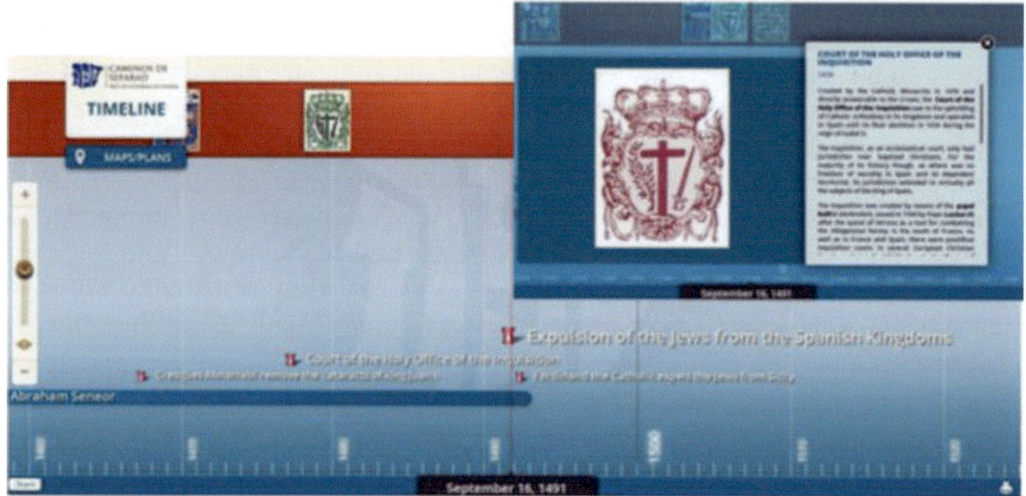

Abbildung 7: Zeitreiseleiste – Jüdisches Erbe in Spanine (Routes of Sefarad). Quelle: Network of Jewish Quarters in Spain, 2012[5]

3.1.2 Räumliche Navigationsapplikationen

Kulturelle Routen und Naturwege beinhalten eine bedeutende geo-räumliche Komponente, welche mithilfe moderner Technologien auch in der Umsetzung von Kartographie neue Impulse setzt. Die interaktiven Funktionen und die Möglichkeit der dynamischen Anpassung der Darstellung von raumbezogenen Daten bieten somit neue Perspektiven für webbasierte Karten, wie auch das folgende Beispiel der St. Olav-Route zeigt (vgl. Abbildung 8).

[5] Network of Spanish Jewish Quarters (2012): Routes of Sefarad. Online unter: http://www.redjuderias.org/google/crono.php?f=ac&l=1 am 15.10.2014; CERTESS Good Practice Reference: Document Code: 6A-GP-LP-4

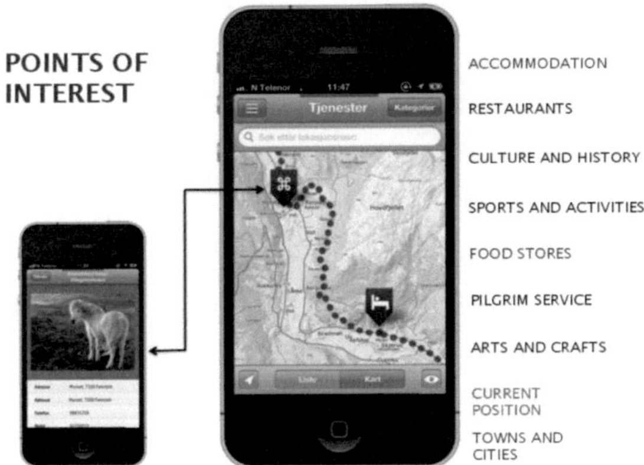

Abbildung 8: Räumliche Darstellung der Navigationsapplikation St. Olav's Way. Quelle: Digital Tourism Think Tank, 2014[6]

Die Abbildung 8 stellt die Navigationsapplikation des St. Olav's Way dar. Dieses Netzwerk von sechs Pilgerwegen in Norwegen führen alle zur Grabkirche des Heiligen Olavs. Die Erweiterung dieses Weges wird durch den CERTESS Partner aus Finnland geplant.

3.1.3 Räumliche und zeitliche Navigationsapplikationen

Häufig wird die zeitliche und räumliche Navigation mit kartenbasierten Elementen kombiniert. Dies ermöglicht ein genaues Festlegen von interessanten Punkten (Engl. Point of Interest, kurz POI) und das Teilen von Informationen über eine digitale Kartendarstellung (vgl. Abbildung 9, Abbildung 10).

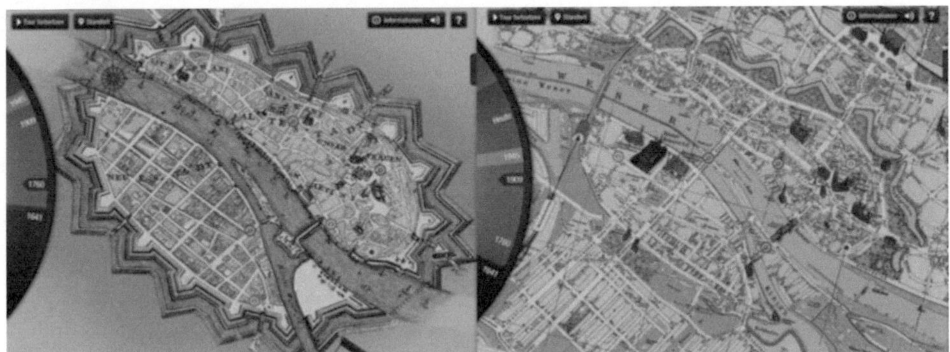

Abbildung 9: Zeitrad und Kartendarstellung - Bremen 1760 (re.) und 1909 (li.). Quelle: Breier Jan, 2014

[6] Digital Tourism Think Tank (2014). Räumliche Darstellung einer Navigationsapplikation. Online unter: http://thinkdigital.travel/best-practice/cultural-route-of-the-future/ am 18.11.2014

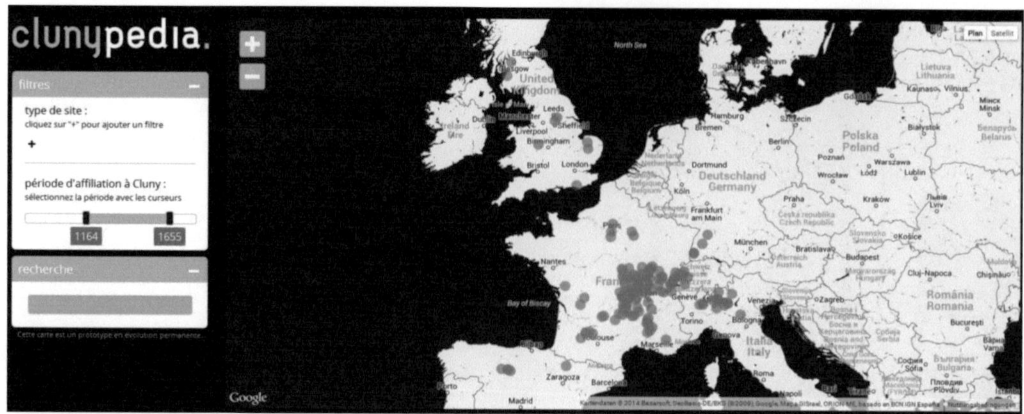

Abbildung 10: Räumliche/zeitliche Navigationsapplikation – „The Clunica Sites in Europe". Quelle: Clunypedia, 2014[7]

3.2 Positionieren und lokalisieren von Routeninformationen

Eine Besonderheit der mobilen Endgeräte ist die Möglichkeit der Positionierung und Lokalisierung von NutzerInnen. Ortsbezogene Dienste (Engl. „Location based Services"; kurz: LBS) sind mobile Dienste die sich auf die geographische Position (über GPS, Engl. Global Positioning System; Dt. Globales Positionsbestimmungssystem) des Nutzenden beziehen (vgl. Abbildung 11). Sie lassen sich folgendermaßen unterscheiden (s. Martens, Treu & Küpper, 2007, S. 71):

- Beim **reaktiven Verfahren** werden NutzerInnen ihre ortsbasierten Informationen auf Anfrage zur Verfügung gestellt. Informationsangebote wie Hinweise auf Salzbergwerke, Museen oder Sehenswürdigkeiten werden entsprechend der aktuellen Position ausgewählt.
- Beim **proaktiven Ansatz** lösen vordefinierte räumliche Ereignisse, z. B. das Erreichen eines Ortes, Aktionen aus. Bei „selbstverweisenden" Verfahren beziehen sich die Informationen auf die NutzerInnen, bei „querverweisenden" Verfahren auf Informationen über andere Personen (z. B. in der Nähe).

[7] Clunypedia (2014). Zeitliche und räumliche Darstellung der Navigation. Online unter: http://www.clunypedia.com/map.html am 18.11.2014; CERTESS Good Practice Reference: Document Code: 6A-GP-LP-2

Abbildung 11: Location-Based-Services im Städtebereich. Quelle: MobileMarketingWatch, 2010

Ortsbezogene Dienste werden u.a. auch gerne bei Anwendungen für Gemeinschaften eingesetzt. So Nutzen eine Reihe von mobilen Spielen ortsbasierte Services. Bei „Location-based Games" (kurz: LBG) wird der Spielverlauf beispielsweise in irgendeiner Form durch die Veränderung der geografischen Position des Spielers beeinflusst. Ein prominentes Beispiel dafür ist Geocaching (GPS-Schnitzeljagd), eine Art von Schatzsuche, die mit GPS-Empfängern gespielt wird (siehe dazu auch den Abschnitt zu QR-Code, Abbildung 12). Die Koordinaten des Versteckes werden beispielsweise an einer Infoinsel mittels QR-Code übermittelt. Der versteckte Schatz kann mithilfe der übermittelten Koordinaten gefunden werden. Weitere positionsbezogene Spiele sind Gowalla und Qype.

Abbildung 12: Geocaching – Schnitzeljagd. Quelle: Tourismusverband Mühlbach, 2014 und Geocaching.com, 2014

3.3 Virtuelles Erleben von Kulturerbe und Natur mit erweiterter Realität

Unter erweiterter Realität (Engl. Augmented Reality; kurz AR) versteht man die computergestützte Erweiterung der Realität, bei der sich virtuelle und reale Elemente vermischen. Die Anwendungsmöglichkeiten für AR sind sehr vielfältig. Beispielsweise eignen sie sich um Informationen visuell darzustellen, Bilder und Videos mit Zusatzinformationen oder virtuellen Objekten mittels Einblendung (z. B. Einblendung von Entfernungen) und Überlagerung zu ergänzen und Architektur (z. B. alte oder zerstörte historische Gebäude) zu visualisieren. Augmented Reality wird auch gerne für die Navigation in Gebäuden, im Freien oder auch im Unterhaltungsbereich eingesetzt. Im Folgenden werden die unterschiedlichen Anwendungsbeispiele vorgestellt, welche Augmented Reality nutzen und einen Mehrwert für Kulturstraßen und Naturwege bieten können.

3.3.1 Einblendung und Überlagerung von Informationen und multimedialen Inhalten

Bei der Verwendung von Augmented Reality zur Einblendung und Überlagerung wird das mobile Endgerät auf einen Punkt gerichtet. Das reale Bild wird dann mit zusätzlichen Informationen wie Texten, Fotos und Videos angereichert und/oder überlagert. Drei Beispiele haben wir dazu zusammengetragen (vgl. Abbildung 13, Abbildung 14, Abbildung 15).

Abbildung 13: Wikitude erweckt römische Geschichte zum Leben[8]. Quelle: Wikitude, 2014

[8] Showcase des Ludwig Boltzmann Instituts - Institute for Archaeological Prospection and Virtual Archaeology (LBI ArchPro), Römische Gladiatorenschule; Archäologiepark Carnuntum

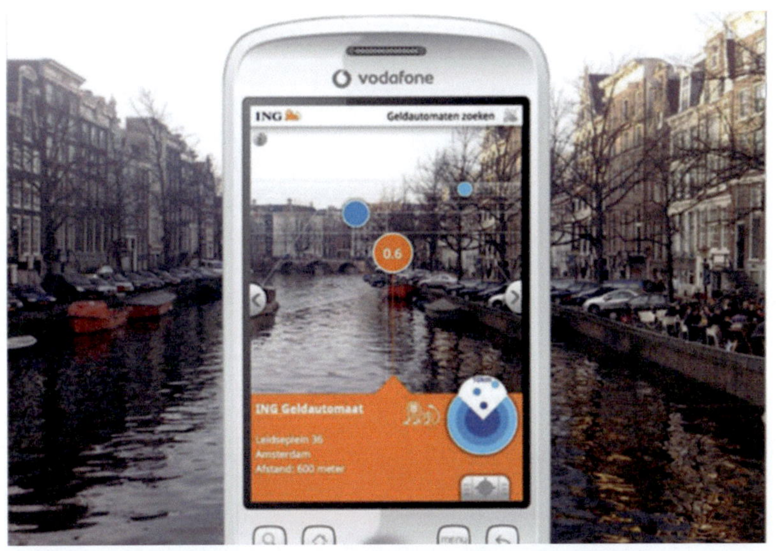

Abbildung 14: Einblenden von Entfernungen und zusätzlichen Informationen mit „Layar". Quelle: Lens-Fitzgerald, 2009

Abbildung 15: Fotoüberlagerung mit Augmented Reality – Streetmuseum London. Quelle: Zhang Michael, 2010

3.3.2 Blick auf Verborgenes

Mit Augmented Reality ist es möglich Dinge darzustellen, die mit freiem Auge nicht sichtbar sind. Zusätzlich kann sich der Nutzer detaillierte Informationen anzeigen lassen. Beispielsweise können NutzerInnen hinter Wände oder auch verschüttete, vergessene und unzugängliche Orte sehen (Mischung aus Augmented Reality und Video-Mapping, vgl. Abbildung 16, Abbildung 17, Abbildung 18).

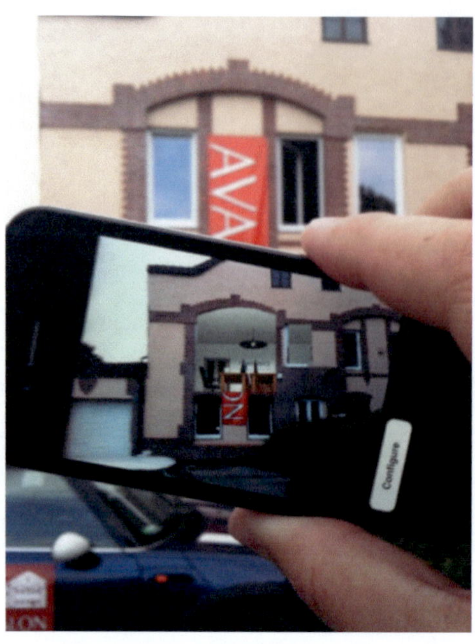

Abbildung 16: Blick in ein Gebäude mit AR-Technologie. Quelle: Pössneck Lutz, 2010

Abbildung 17: Blick in den Untergrund – Bremen. Quelle: Breier Jan, 2014

Abbildung 18: Auferstanden aus Ruinen: Burg in Schottland (li.) und Tel Lachish in Israel (re.). Quelle: NOUS Wissensmanagement GmbH, 2014 und Shamah David, 2013

Augmented Reality ist, wie es das folgende Beispiel zeigt (vgl. Abbildung 19), auch auf Naturwegen in der Tier- und Pflanzenwelt gut einsetzbar. Es ist hier vorstellbar das Innere eines Baumes und dessen Vorgänge (z. B. Wasseraufnahme, Wachstum) zu veranschaulichen; aber auch um Tiere (z. B. Insekten, Nager oder Vögel) zu zeigen, die im Inneren eines Baumes leben.

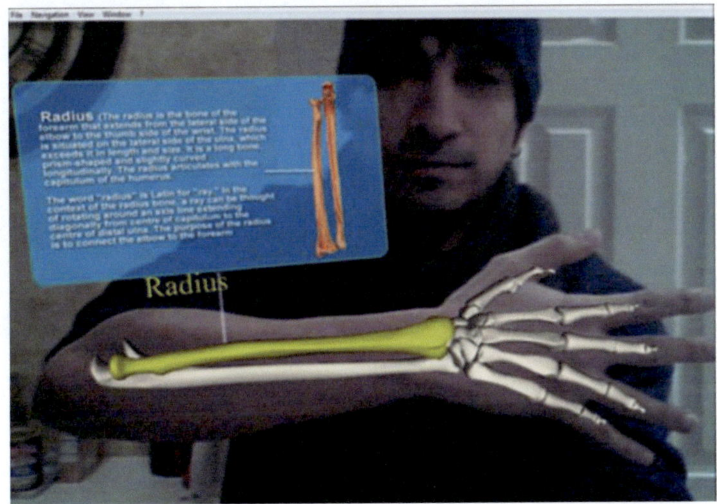

Abbildung 19: Blick in das Innere des Menschen. Quelle: Skladal Carina, 2014

3.3.3 Entdecken und Interpretieren der Umgebung

Vielen Tier- und Pflanzenarten sind Laien meist nicht bekannt. Mit dem Einsatz von Augmented Reality in diesem Bereich ist es möglich, Bäume, Tiere und Pflanzen zu identifizieren oder Tierspuren zu lesen (vgl. Abbildung 20 und Abbildung 21).

Abbildung 20: Identifizierung von Pflanzen mit AR. Quelle: Woodford Chris, 2014

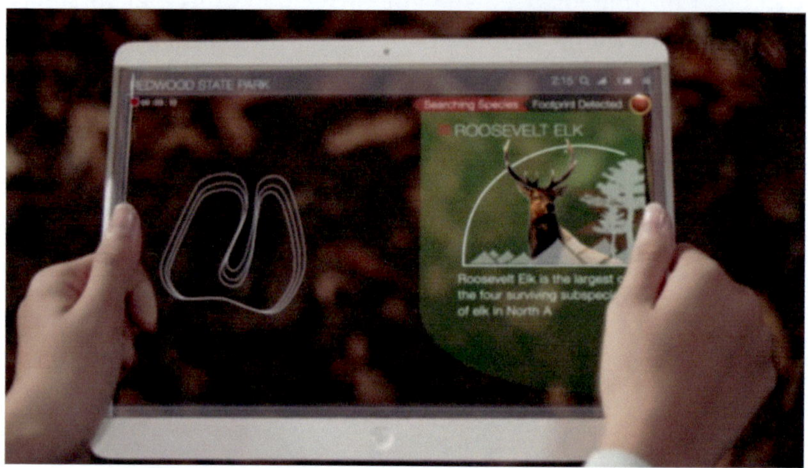

Abbildung 21: Fährtenlesen. Quelle: Skladal Carina, 2014

3.3.4 Virtuelle Welten

Auch das Erscheinenlassen von Objekten, die in der Realität nicht vorhanden sind, ist mit Augmented Reality möglich. Hat der Wanderer einer Route nicht das Glück, ein Tier in seiner natürlichen Umgebung zu beobachten, dann kann er dies nun über sein mobiles Endgerät simulieren (vgl. Abbildung 22).

Abbildung 22: Virtueller Weißkopf-Seeadler in seiner natürlichen Umgebung. Quelle: Casey Chris, 2014

3.3.5 Virtuelle Nachrichten

AR-Nachrichten können als versteckte Botschaften an physischen Orten hinterlassen werden. NutzerInnen gehen zu einem von ihnen gewünschten Ort und verfassen eine Nachricht, welche auch an der gespeicherten Stelle bleibt (z. B. an einer Mauer, im Himmel, Boden). NutzerInnen haben auch die Freiheit Texte, Fotos und Zeichnungen zu kombinieren. Diese können sie auch mit ihren Freunden oder der Öffentlichkeit teilen (z. B. Glyphics, ARYS). Wenn beispielsweise die Freunde später an diesen Ort gehen und durch ihre Smartphone-Kamera blicken, sehen sie die hinterlassene Nachricht an der gespeicherten Stelle (vgl. Abbildung 23).

Abbildung 23: Augmented-Reality-Nachrichten hinterlassen. Quelle: Voleti Kiran, 2013

3.4 Informieren über den Wegverlauf in einer Route- QR-Code und Beschilderung

Der Quick-Response-Code (kurz: QR-Code; Dt. „schnelle Antwort“) besteht aus einer quadratischen Matrix mit schwarzen und weißen Punkten, die die kodierten Daten binär darstellen. QR-Codes eignen sich gut für den Einsatz auf Kulturstraßen und Naturwege, da dieser noch dekodiert werden kann, selbst wenn bis zu 30 % des Codes fehlerhaft sind bzw. zerstört (z. B. durch Regen, Vandalismus). (Wikipedia, 2014a, vgl. Abbildung 24)

Abbildung 24: CR-Code – SalzAlpenSteig-Video. Quelle: Salzburg Research, 2014

3.4.1 Zugriff auf Informationen und öffnen von multimedialen Inhalten: Kamera und Bilderkennung

Mobile Endgeräte verfügen heute über integrierte Kameras und daher ist das Anfertigen von Fotos oder auch kurzen Videos sehr einfach. Auch das Onlinestellen von Fotos und Filmen ist auf vielen Plattformen mittlerweile Standard. Mit der eingebauten Kamera können mobile Endgeräte auch Bilderkennungssysteme nutzen, beispielsweise zum automatischen Einlesen von Visitenkarten oder zum Einlesen von QR-Codes (vgl. Schön, Wieden-Bischof, Schneider & Schumann, 2011, S. 19). Der Strichcode wird von einem gekennzeichneten Objekt (z. B. Schautafel, Gebäude) ausgelesen und entschlüsselt. Beim „Mobile Tagging“ (Dt. „mobiles Markieren“) wird der QR-Code auf realen Objekten (z. B. an einem Denkmal) angebracht. NutzerInnen erhalten daraufhin beispielsweise weiterführende Informationen zu

- Wanderrouten, Wegbeschreibungen
- kulturellen und historischen Ereignisse,
- Lehrpfaden und zur Pflanzenbestimmung,
- Sehenswürdigkeiten Aussichtspunkten

oder wird auf multimediale Inhalte wie Animationen, Kurzfilme, Audiodateien, Bildgeschichten und Webseiten verwiesen (vgl. Abbildung 25 und Abbildung 26).

Abbildung 25: Einsatz von QR-Codes – Pilgerroute: Der steirisch-slowenische Marienweg[9]*. Quelle: Salzburg Research, 2014*

Abbildung 26: Großer QR-Code an einer Schautafel. Quelle: Naturpark Kyffhäuser, 2014

[9] Weitere Informationen zum PILGRIMAGE EUROPE SI-AT finden Sie unter: http://www.katholische-kirche-steiermark.at/specials/app#.UmUJ38rcCyZ am 05.11.2014

3.5 Motivieren zum Weiterbesuch einer Route mit spielerischen Elementen (digitale Spiele)

Durch die Integration von spielerischen Elementen in mobilen Anwendungen und Prozessen soll im Wesentlichen eine Motivationssteigerung der BenutzerInnen erreicht werden. Psychologische Motive der NutzerInnen wie die Lust am Spiel, Suche nach Herausforderung, Feedback und Bedürfnis nach Anerkennung werden daher verwendet, um eine Steigerung der Aktivität, Interaktion und des Engagements mit der Anwendung zu erreichen.

3.5.1 Foto-Schieber

Mit dem Foto-Schieber können Veränderungen an einem Ort dargestellt werden. Zwei Fotos werden passgenau übereinander gelegt und zeigen aus derselben Perspektive, wie sich der Ort im Laufe der Zeit verändert hat (früher/heute-Vergleich). Betätigt der Nutzer den Schieberegler, dann wechselt er zwischen beiden Ansichten (vgl. Abbildung 27).

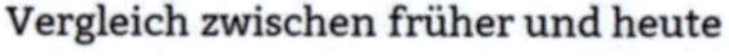

Abbildung 27: Foto-Schieber. Quelle: Salzburg Research, 2014

3.5.2 Schiebepuzzle

Bei diesem Geduldsspiel müssen alle Bildelemente in die richtige Position verschoben werden, um das Ausgangsbild wieder herzustellen (vgl. Abbildung 28).

Abbildung 28: Schiebepuzzle anhand eines Schmetterling-Bildes. Quelle: Geo.de, 2014

3.5.3 Denk- und Wissensfragen

Auch Quizfragen eignen sich bei Kulturstraßen und Naturwege gut, um Wissen zu vermitteln und spielerisch abzufragen (vgl. Abbildung 29).

Welchen Durchmesser haben die gußeisernen Soleleitungen?

Abbildung 29: Quizfrage zu Soleleitungen. Quelle: Salzburg Research, 2014

3.5.4 Skizzieren

Mit App-Anwendungen dieser Art (z. B. SketchWiz, Sketch Me!, SketchMaster) werden mit der Kamera des mobilen Endgeräts aufgenommene Fotos oder Videos in skizzierte Kunstwerke verwandelt (vgl. Abbildung 30).

Abbildung 30: Erweiterung eines Fotos mit Skizzen-Elementen. Quelle: iTunes Apple, 2014

3.5.5 Überlagerung selbsterstellter Fotos mit historischen Vorlagen

NutzerInnen fotografieren sich selbst und können anschließend dieses Foto dazu verwenden, um zu sehen wie sie beispielsweise in historischen und traditionellen Trachten aus unterschiedlichen Regionen ausgesehen hätten (z. B. FACEinHOLE, Seenow.com, Fim.me, try it on; vgl. Abbildung 31).

Abbildung 31: Verwandlung ganz einfach. Quelle: FACEinHOLE, 2014 und iTunes Apple, 2014

3.6 Aufbau einer Kulturstraßen-Community

Der Einsatz von Social Media kann den Aufbau einer ganz spezifischen „Kulturstraßen-Community" fördern, deren Mitglieder sich untereinander über den Verlauf, die Erlebnisse und eventuell auch über die Weiterentwicklungen bzw. Qualitätsverbesserung einer Route austauschen. Verschiedene Aktivitäten aus der Welt des Webs 2.0 unterstützen eine Verbreitung und den Zugang zu solchen spezifischen Communitys. Schließlich gilt auch hier die Idee, dass die BesucherInnen eines Netzwerkknotens weitere Sehenswürdigkeiten oder Etappen einer Kulturstraße und eines Naturweges im Laufe der Zeit besuchen sollen. Durch den gezielten und umsichtigen Einsatz von Social Media kann kosteneffizient der Aufbau eines „Stammpublikums" einer Route unterstützt werden.

3.6.1 Digitale Postkarten selbst erstellt oder nach historischer Vorlagen

Mit dem Verschicken von persönlichen Grußkarten, von einem Städtetrip oder Wanderurlaub, macht man der Familie, den Freunden und Bekannten immer eine Freude. Häufig kommt es jedoch vor, dass man mit den zur Auswahl stehenden Postkarten im Geschäft nicht zufrieden ist. Mobile Anwendungen können hier Abhilfe leisten und ermöglichen das Versenden von selbst gemachten Urlaubsfotos, die als persönlich gestaltete elektronische, aber auch gegen Gebühr als echte, gedruckte Postkarte versendet werden können (vgl. Abbildung 32).

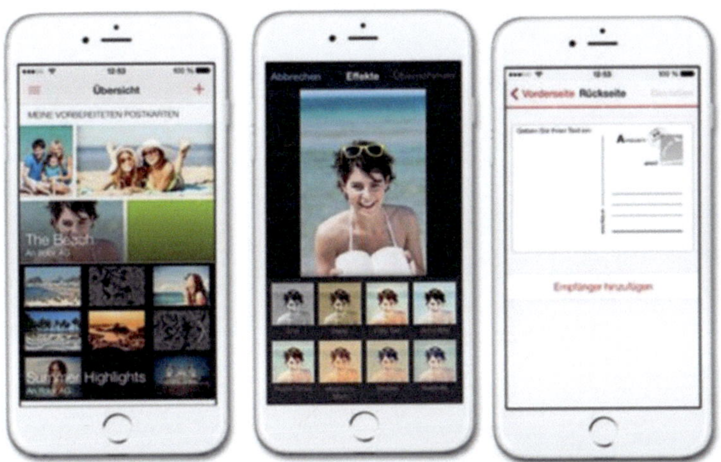

Abbildung 32: Mobile Anwendung ifolor - Digitale Postkarten versenden. Quelle: ifolor, 2014[10]

3.6.2 Digitales Tourenbuch

Mit einem digitalen Tourenbuch auf dem mobilen Endgerät ist es den NutzerInnen möglich zu sehen, welche Wanderungen sie gemacht bzw. Gipfel sie bereits bestiegen haben. Häufig versuchen solche Anwendungen mit spielerischen Elementen auch die Sammelleidenschaft (z. B. Wandernadeln) der NutzerInnen zu wecken (vgl. Abbildung 33).

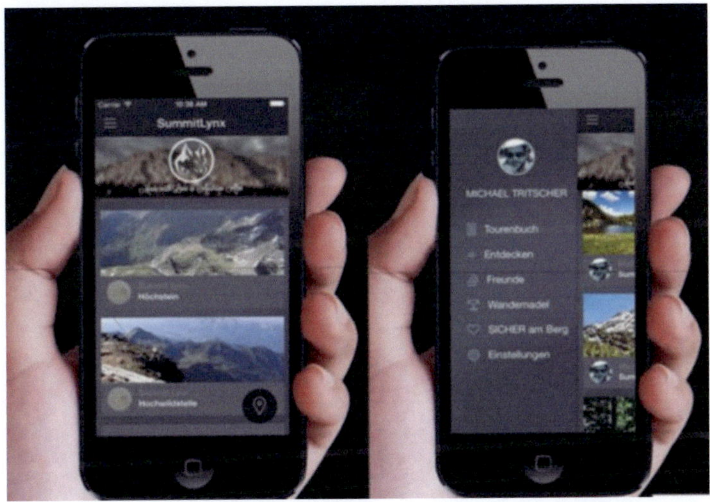

Abbildung 33: Digitales Tourenbuch SummitLynx. Quelle: SummitLynx, 2014

[10] Ifolor, 2014: Abbildung ifolor. Online unter: http://www.ifolor.ch/iphone_app_postkarten am 06.11.2014

4 Die Umsetzung: Kultur- und Naturweg SalzAlpenSteig

In diesem Kapitel wird anhand des CERTESS-Showcase „SalzAlpenSteig“ prototypisch aufgezeigt, wie die komplexen Anforderungen von Kultur- und NaturtouristInnen mit mobilen Informationstechnologien und Social Media unterstützt werden können. Dabei fließen besonders die Erfahrungen und Lösungen aus den CERTESS-Good-Practice und Good-Governance-Sammlungen ein, sowie die Fallbeispiele anderer Kulturstraßen (siehe voriges Kapitel).

4.1 Fakten zum Showcase

Eingebettet zwischen historischen Salzstraßen und Salinenwegen wird im Frühjahr 2015 ein neuer Premium-Weitwanderweg mit bedeutendem kulturgeschichtlichem Hintergrund zum Kernthema Alpensalz eröffnet. Der „SalzAlpenSteig“, ein grenzüberschreitender Themen- und Naturweg, führt vom bayrischen Chiemsee über das Berchtesgadener Land in Deutschland nach Hallein bis zum inneren Salzkammergut in Österreich. Der Wegverlauf erstreckt sich über 18 Tagesetappen mit insgesamt 233 Streckenkilometern.

Insgesamt haben sich hier sechs Partnerregionen – Chiemsee-Alpenland, Chiemgau, Bayerisches Staatsbad Reichenhall, Tourismusregion Berchtesgaden-Königssee, Tennengau, Dachstein-Salzkammergut - zusammengeschlossen und präsentieren ihre regionale Salzgeschichte entlang des SalzAlpenSteigs. InteressensvertreterInnen und KooperationspartnerInnen der einzelnen Regionen beinhalten sowohl regionale Tourismus- und Fremdenverkehrsbüros, Industriedenkmäler als auch Museen (zum Thema Salz, keltische Geschichte, Volkskunde, Natur). Im Folgenden finden Sie die vollständige Liste der KooperationspartnerInnen im Showcase SalzAlpenSteig[11]:

- Salzwelten GmbH
- Südsalz GmbH
- Tourismusverband Hallein/Salzburg Museum
- Museum Salz & Moor, Markt Grassau
- Bayerisches Moor- und Torfmuseum, Rottau
- 7reasons Medien GmbH
- Tourismusverband Inneres Salzkammergut
- Zweckverband Tourismusregion Berchtesgaden-Königssee
- Gästeservice Tennengau
- Chiemsee-Alpenland Tourismus GmbH & Co. KG
- Chiemgau Tourismus e.V.
- Kur-GmbH Bad Reichenhall/Bayerisch Gmain
- Land Oberösterreich

Im Laufe des zweiten Projektabschnitts 2014 arbeitete Salzburg Research an der Entwicklung und Aufbereitung des Showcase „SalzAlpenSteig“. Folgende Rolle und Aufgabe wurden dabei übernommen:

- Historisches Thema „Alpen-Salz“ im Kontext europäischer Kulturstraßen

[11] http://www.salzalpensteig.com

- Konzeptentwicklung für Einsatz von Informationstechnologie in der Kultur- und Themenstraße
- Erhebung von Anforderungen und Akzeptanz bei BesucherInnen der Kultur- und Themenstraße bei der Fachmesse;
- Recherche der Inhalte, Aufbereitung und Abklärung Medienrechte bei beteiligten Kulturerbeeinrichtungen
- Entwicklung der Applikation (mobile APP-Umgebung)
- Prototypische mediale Umsetzung und Einpflegen der identifizierten Inhalte mit Salz, Natur- und Kulturbezug.
- Evaluation der prototypischen App und Einschätzung bzw. Szenarienentwicklung für die nächsten Implementationsschritte.

4.2 Historisches Kernthema des grenzüberschreitenden Netzwerkes SalzAlpenSteig

Das verbindende historische Thema des Netzwerkes SalzAlpenSteig ist das Vorkommen von alpinem Salz und dessen historische Produktion, der Transport und der Handel in den grenzüberschreitenden Regionen Bayern, Salzburg und Oberösterreich. Das Thema ist deswegen von großer Bedeutung, weil es sich im Kontext bereits bestehender europäischer Themenstraßen mit Salzbezug (z. B. Salz als Meeresproduktion, Salz im Mittelalter) zuordnen und anpassen lässt.

4.2.1 Entstehung der Salzlager in den Bergen

Das gesamte Salz auf dem Festland (z. B. das Himalajasalz, das Steinsalz aus den Alpen oder das Salz aus den unterirdischen Salzstöcken und Solequellen) kommt ursprünglich aus dem Meer. Vor 250 Millionen Jahren war der Salzgehalt der Meere ähnlich hoch wie heute. Ein Teil des Ur-Ozeans wurde durch eine Landzunge (eine sogenannte Barre) abgetrennt und bildete ein riesiges Binnenmeer mit einer Fläche von ca. 1 Million km^2. Die Barre verhinderte den Wasseraustausch mit dem offenen Meer und so verdunstete mehr Wasser als nachfließen konnte. Der Salzgehalt des Wassers stieg kontinuierlich an, bis die Salze auskristallisierten und sich am Grund des Meeres ablagerten. Jedes Jahr wuchs die Schicht um etwa 10 Zentimeter. Vom offenen Meer floss weiterhin salzhaltiges Wasser nach und dadurch entstanden über Millionen Jahre hinweg riesige Salzschichten – bis zu einem Kilometer dick. In den darauf folgenden Millionen Jahren deckte der Wind die Salzschichten mit Sand und Staub ab. Durch tektonische Bewegungen und die spätere Auffaltung der Alpen im Tertiär (vor 60 Millionen Jahren) wurde das Salz unter mächtigen Gesteinsschichten begraben und ist dort bis heute in seiner ursprünglichen Form erhalten. (vgl. Bad Reichenhaller, 2014, vgl. Abbildung 34).

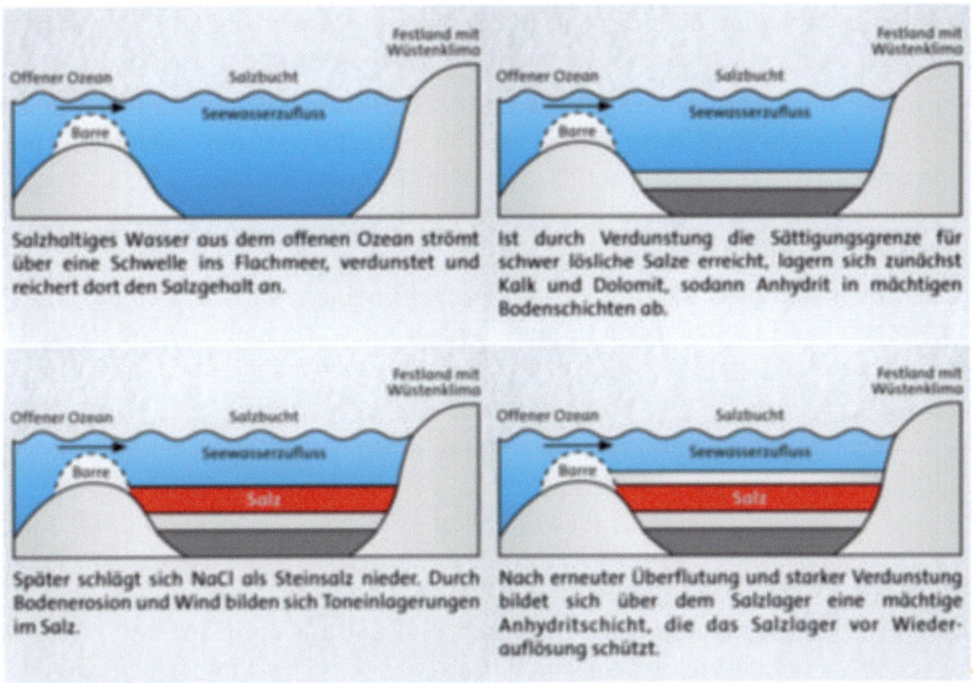

Abbildung 34: Entstehung der Salzlager in den Bergen. Quelle: Bad Reichenhaller, 2014

4.2.2 Entstehungsgeschichte der Salzstraßen

Schon vor mehr als 3000 Jahren haben die Kelten Salz aus den Bergen gewonnen und auch mit dem Handel begonnen. Mit Bronzepickeln schlugen sie das Salz von den Wänden, füllten damit Tragsäcke aus Rindsleder und brachten es aus dem Berg. Heute werden Stollen mit Maschinen gegraben. In die geschaffenen Hohlräume wird Wasser geleitet, welches das Salz aus dem Gestein löst. Die sogenannte Sole, die bei diesem Prozess entsteht, wird abgepumpt und über Soleleitungsrohre (auch Pipelines) zur Saline geleitet. (Große Burlage Martin, 2014)

Der Handel mit dem Salz, dem „weißen Gold“, verlief damals über sogenannte Salzstraßen. Salzstraßen (auch Salzwege, Salzrouten, Salinenwege, Salzhandelsrouten, Salzpfade) sind alte Handelswege, auf denen Salz transportiert wurde. Da das wertvolle Handelsgut Salz nicht überall verfügbar war, zum Leben aber dringend gebraucht wurde, entstanden diese prähistorischen Transportwege vor allem zwischen Gebieten ohne Salz, den Salinen und Salzbergwerken. Viele der ehemaligen Handelsrouten, vor allem der mittelalterlichen Salzstraßen wie zum Beispiel die Via Salaria, sind in ihrem genauen Verlauf bekannt. Die vorgeschichtlichen Salzhandelswege der vorrömischen Zeit können hingegen oft nur noch bruchstückhaft nachvollzogen werden und lassen sich teilweise nur aus Warenfunden rekonstruieren. Im Laufe der Zeit wurde der Handel mit Salz zum wichtigsten Motor der Wirtschaft (z. B. Verwendung in der Glas- und Keramikherstellung, bei der Metallveredelung). Die festgelegten Handelsrouten mussten nun von den Händlern eingehalten werden, da diese Salzsteuern und Wegezölle zu bezahlen hatten. Für manche Orte und Städte wurden auch Handelsrechte sogenannte Niederlagsrechte geregelt. Diese besagten, dass das Salz mindestens drei Tage lang an dem Ort gelagert und dort auch zum Verkauf angeboten werden musste. (Wikipedia, 2014b)

Entlang dieser alten Handelsrouten entwickelten sich auch viele Orts- und Städtenamen die bis heute auf die Bedeutung der Salzgewinnung und/oder des Salzhandels hinweisen, wie Salzgitter (DE), Salzbrunn (PL), Salzuflen (DE) und Salzburg (AT), als auch Ortsnamen mit dem Wortstamm *hall* wie Bad Reichenhall (DE), Halle (DE), Schwäbisch Hall (DE), Hallstatt (AT) und Hallein (AT).

Einige Salzhandelsstraßen welche als wichtige Verbindung zwischen den Regionen und grenzüberschreitend zwischen den Ländern fungierten, werden im Folgenden aufgelistet und anschließend z.T. grafisch dargestellt (Wikipedia, 2014b, vgl. Abbildung 35):

- Via Salaria
  - Norden: Lüneburg in den Norden nach Lübeck – verschifft in Regionen der Ostsee
  - Süden: nach Halle (Saale) – Prag – Salzburg – Venedig (Adria), Rom und Palermo
- Bayrische Salzstraße (Deutschland)
  - Reichenhall (Bayern - Deutschland) und Hallein (Salzburg – Österreich) über die Flüsse Saalach und Salzach – am Fluss Inn nach Passau und von dort nach Böhmen
- Oberösterreichische Salzstraße (Österreich)
  - Hallstatt (Oberösterreich) über den Fluss Traun nach Linz und von dort auf dem Fluss Donau nach Böhmen oder in die andere Richtung bis zum Schwarzen Meer
- Untere Salzstraße Tirol (Österreich)
  - Berchtesgaden (Bayern – Deutschland) und Hall in Tirol bis zum Bodensee
- Via Salina
  - Von der Schweiz nach Frankreich
- Le chemin des Gabelous
  - Frankreich

Abbildung 35: Einbettung des neu entwickelten SalzAlpenSteigs in bestehende europäische Salzstraßen. Quelle: Salzburg Research, 2014

4.3 Design der Showcase-Anwendung

Für den grenzüberschreitenden Premiumwanderweg „SalzAlpenSteig" (vgl. Abbildung 35) wurde eine interaktive mobile Kulturstraßen- und Naturwege-Applikation für Smartphones und Tablets entworfen und prototypisch entwickelt. Die App-Anwendung funktioniert auf allen mobilen Endgeräten mit Android-Betriebssystem.

Die Idee eine App-Anwendung für den SalzAlpenSteig zu entwickeln, wurde aufgrund der vielfältigen Möglichkeiten, die sich bei der visuellen, interaktiven, partizipativen und gestalterischen Entwicklung bieten, rasch getroffen. Eine App-Anwendung bietet NutzerInnen einen erlebnisoptimierten Mehrwert bei der Bewanderung des SalzAlpenSteigs.

Durch die multimediale Aufbereitung ist eine gezielte Kommunikation der Regionen über das gemeinsame Kernthema Salzkultur und Salzhistorie in Verbindung mit den Naturschönheiten des Weges gegeben. Die Anforderungen an eine mobile Anwendung für Kulturstraßen und Themenwege wurden in mehreren Workshops mit Beteiligten aus unterschiedlichen Fachrichtungen durchgeführt und erarbeitet sowie anhand verschiedener Ansätze für die Bereiche Information, Aktivität und Community aus der Praxis beurteilt und abgeleitet.

Die SalzAlpenSteig-App soll NutzerInnen ermutigen, ihren Besuch in der jeweiligen Region der Etappen zu planen, während der Begehung mehr über die Salzgeschichte entlang der Etappe zu erfahren und ihre Erlebnisse mit Familien und Freunden zu teilen sowie zur Wiederkehr entlang der SalzAlpenSteig-Route bewegen.

Wechselnde Bildüberlagerungen und Zeitreiseleisten bringen historische Ansichten mit der aktuellen Situation vor Ort in Bezug. Video- und Audiodateien und jede Menge Information rund um Salzgewinnung, -transport und -handel sowie typische Bräuche und Traditionen vermitteln historischen Kontext. Digitale Spiele laden ein, auf Entdeckungsreise zu gehen. Das persönliche Netzwerk wird einbezogen, indem Routenbilder oder digitale, historische Postkarten versendet werden (vgl. Abbildung 36).

Abbildung 36: Modul Information (POIs, Audios, Videos). Quelle: Salzburg Research

4.3.1 Multimediale Aufbereitung zur Wissensvermittlung entlang der Route

Entlang des SalzAlpenSteigs folgt man stellenweise alten Handelswegen und Soleleitungen, den einstigen Lebensadern der Wirtschaft, auf denen das „weiße Gold“ transportiert wurde. Die BesucherInnen erfahren Wissenswertes über Salzvorkommen, die Geschichte der Salzgewinnung und -verarbeitung, die Gewinnung von Rohstoffen wie Torf und Holz zur Befeuerung der Siedepfannen sowie über den Salzhandel in den jeweiligen Orten.

Der SalzAlpenSteig führt auch an Regionen und ausgewählten POIs vorbei, welche zum UNESCO-Welterbe (Weltkultur- und Weltnaturerbe), materiellen und immateriellen

Kulturerbe sowie industriellen Erbe aufgrund ihrer Einzigartigkeit, Authentizität und Integrität, gehören.

- E6: Bad Reichenhall – Alpenstadt des Jahres 2001, anerkannter Kurort bzw. eine Kurstadt – Soleheilbad
- E6: Industrielles Erbe: Bad Reichenhall - Alte Saline
- E10: Berchtesgaden, Landkreis Berchtesgadener Land, Bayern – Heilklimatischer Kurort
- E10: Industrielles Erbe: Erlebnisbergwerk Berchtesgaden
- E11: UNESCO - Immaterielles Kulturerbe: Dürrnberger Schwerttanz – seit 2011
- E17/18: UNESCO-Weltkulturerbe: Hallstatt–Dachstein/Salzkammergut (Gemeinden: Abtenau, Bad Goisern, Gosau, Hallstatt, Obertraun) - seit 1997
- E18: UNESCO-Welterbe Museum Hallstatt

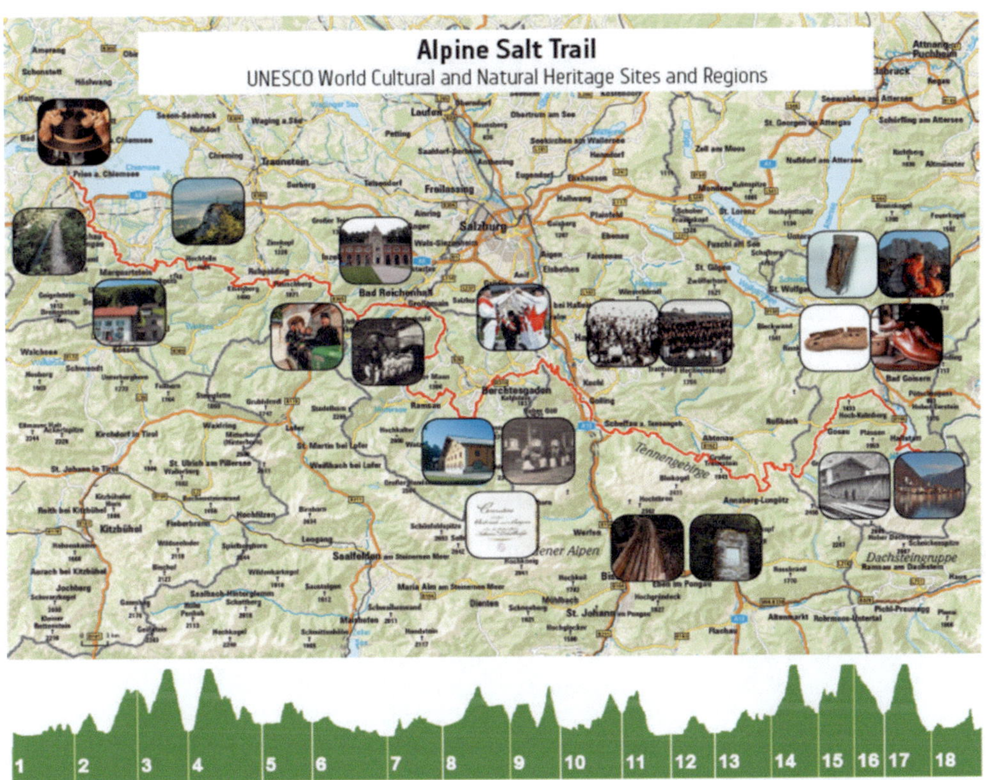

Abbildung 37: Der SalzAlpenSteig: Vom bayrischen Chiemsee bis zum inneren Salzkammergut. Quelle: Salzburg Research, 2014

Die Salzgeschichte der jeweiligen Regionen wird in der SalzAlpenSteig-App auf den einzelnen Etappen in besonders anschaulicher und interaktiver Form, in ihrem geschichtlichen und räumlichen Zusammenhang dargestellt und verschmilzt zu einem Gesamtbild (vgl. Abbildung 37). So wird Geschichte von damals und heute Schritt für Schritt nachvollziehbar.

Ein Ort von Interesse entlang der **Etappe 1**, welcher hier nun eine mögliche multimediale Umsetzung eines POIs (Engl. Points of Interest; Dt. Ort des Interesses) in der SalzAlpenSteig-App veranschaulichen soll, ist das **„Brunnhaus Klaushäusl“**. Diese vollständig erhaltene Pumpstation beherbergt heute das Museum „Salz und Moor“. Für eine geschichtliche Aufbereitung und Darstellung dieses POIs wurden alte und neue Fotografien eingearbeitet, das Funktionsprinzip der Brunnhausanlage visuell dargestellt und die Funktionsweise der Solehebemaschine zur Förderung der Sole in einem Video veranschaulicht. Auch ein Foto-Schieber, um den Zustand des Maschinenhausportals von heute mit dem Aussehen von früher vergleichen zu können, wurde für diesen POI umgesetzt. Des Weiteren können NutzerInnen auch ihr Wissen bei der Beantwortung einer Quizfrage überprüfen, in einer ruhigen Minute das Schiebpuzzle ausprobieren und im Community-Bereich der App Fotos erstellen, auswählen, verschicken und mit Freunden teilen (vgl. Abbildung 38).

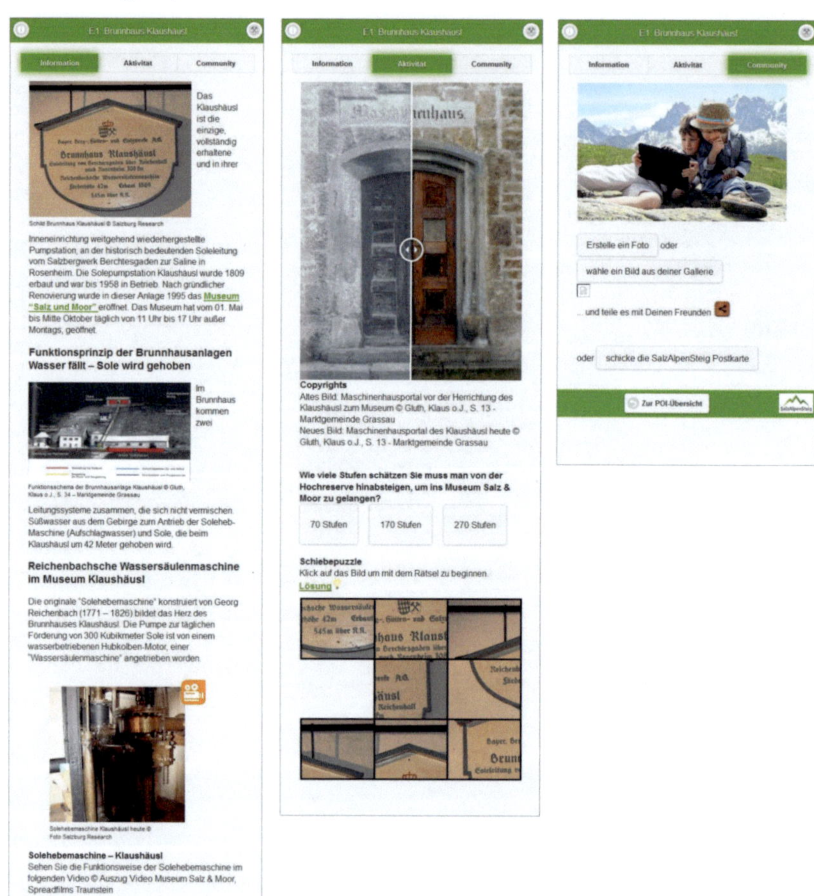

Abbildung 38: Mögliche multimediale Umsetzung anhand des POIs - E1: Brunnhaus Klaushäusl. Quelle: Salzburg Research, 2014

Die ausgewählten POIs sind ein Auszug möglicher interessanter Wegpunkte zu den Themenbereichen Salz, Kultur und Brauchtum sowie Natur und Ruhe entlang der 18 Etappen des SalzAlpenSteigs. Im Mittelpunkt der Recherche standen der Schwerpunktbereich Salz (wie Salzabbau, Sole und Salztransport) sowie alle mit diesem Thema verwandten Bereiche (z. B. Torfstich und Holzwirtschaft für die Beheizung der Sudpfannen, Holztrift).

4.3.2 Modul: Information

Zukünftig sollen NutzerInnen der App mit allen Sinnen Wissenswertes und Hintergrundinformationen zum historischen Salzabbau in den Bergen, dem Salzhandel und -transport, den Bräuchen und Traditionen der Salzminenarbeiter und deren Familien (regionale Dialekte und Sprichwörter), der Relevanz von Salz heute (z. B. als Streusalz, Nahrungsmittel, Wellnessanwendungen, z.B. als Badesalz) und über die Natur sowie Tier- und Pflanzenarten entlang der jeweiligen Etappe des SalzAlpenSteigs erfahren. Entlang jeder Etappe werden in etwa zehn Orte von Interesse mit multimedialen Inhalten angereichert (derzeit Audio- und Videosequenzen, vgl. Abbildung 39).

Abbildung 39: Modul Information (Audio-Storytelling, Bildgalerien, Videos u.a.). Quelle: Salzburg Research, 2014

4.3.3 Modul: Aktivität

In diesem Modul werden die einzelnen Kernbereiche zum Thema Salz, Kultur und Brauchtum aktiv und spielerisch anhand unterschiedlicher multimedialer Zugänge aufbereitet. Je nach historischem Kontext und Inhalt werden den NutzerInnen Zeitreiseleisten (historische Veränderungen), Foto-Schieber (Alt/Neu-Foto-Überlagerung) oder spielbasierte Anwendungen (Quiz und Schiebepuzzle) angeboten (vgl. Abbildung 40)

- Reflexion zu historischem Wissen und Herstellen von aktuellem Zeitbezug durch wechselnde Bild-Überlagerungen von alten und neuen Ansichten (Foto-Schieber Alt/Neu)
- Einlassen auf historischen Kontext und Sehenswürdigkeiten einer Themenroute mittels digitaler Spiele

Abbildung 40: Modul Aktivitäten (Foto-Schieber, Schiebepuzzle). Quelle: Salzburg Research

4.3.4 Modul: Community

Das Teilen von Erlebnissen wird ein immer wichtigerer Aspekt bei der Entwicklung einer App-Anwendung. BesucherInnen des SalzAlpenSteigs können im Community-Bereich der App aktiv ihre Erfahrungen mit Freunden und der Familie teilen und beispielsweise (historische) Postkarten und (selbstgeschossene) Fotos der Etappe versenden aber auch an Events und Gewinnspielen teilnehmen. Folgendes multimediales Erleben wird den NutzerInnen der App geboten (vgl. Abbildung 41):

- Versenden von Etappenbildern (wie selbst aufgenommene Fotos oder von der App bereitgestellte Bilder) und historischen Postkarten,
- Erfahrungen zur Kulturstraße und dem Naturweg austauschen und Verbesserungen vorschlagen,
- Weiterempfehlung des nächsten interessanten Standortes einer Sehenswürdigkeit (POIs) entlang der Kulturstraße oder des Naturweges.

•

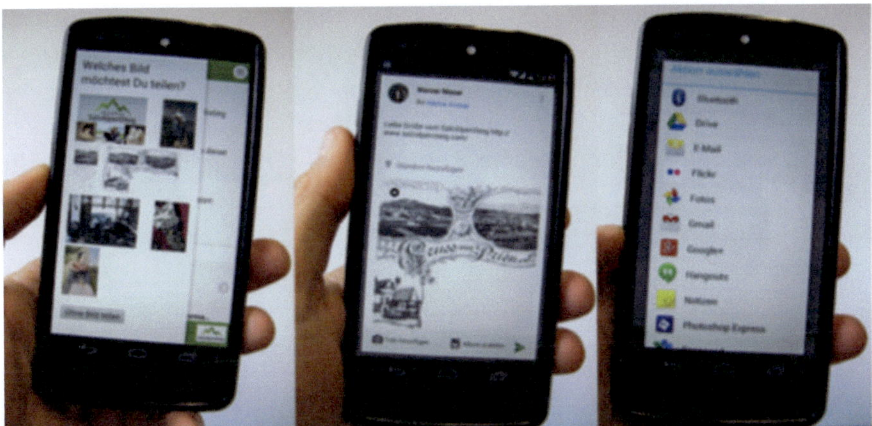

Abbildung 41: Modul Community (Versenden von Postkarten und Fotos). Quelle: Salzburg Research, 2014

4.3.5 Digitales Tourenbuch

Durch spielerische Elemente in einer Applikation lässt sich die Motivation zur Nutzung von mobilen Diensten erhöhen und die Bindung des Nutzers zum weiteren Besuch aller interessanten Sehenswürdigkeiten einer Etappe steigern. Das reine Konsumieren rückt in den Hintergrund und im Falle einer Kulturstraße und eines Naturweges wollen neue Orte entdeckt und mit anderen besprochen und geteilt werden. Die SalzAlpenSteig-App bietet hierfür ein digitales Tourenbuch über alle Etappen hinweg an. Alle Etappen verfügen über eine bestimmte Anzahl an POIs. Die App-Anwendung registriert automatisch, wenn ein POI entlang der Route vom Wanderer erreicht wurde und weist eine digitale Münze, den sogenannten Salzpfennig[12], zu. Jede Etappe verfügt über ein eigenes Salzpfennig-Emblem. Hat der Besucher ¾ der POIs entlang der Etappe besucht, dann wird der grau hinterlegte Salzpfennig im digitalen Tourenbuch Gold eingefärbt.

Da einige Orte von Interesse für das Thema „Alpen-Salz" nicht direkt auf der vorgegebenen, zertifizierten Route des SalzAlpenSteigs liegen, werden diese als „Exkurs" in der App bezeichnet. WanderInnen müssen einen kleinen Umweg in Kauf nehmen, um diese POIs zu erreichen. Diese POIs werden aufgrund ihrer Position aber auch nicht für das Erreichen eines digitalen Salzpfennigs einer Etappe im Tourenbuch angerechnet.

Hat der Wanderer insgesamt ¾ der 18 Etappen (entspricht 13 Etappen) der gesamten Route des SalzAlpenSteigs besucht und die digitale Salzpfennige gesammelt, dann könnte er diese gegen Vorlage einer generierten Bestätigung, gegen einen realen SalzAlpen-Steig-Salzpfennig bei ausgewählten Betrieben vor Ort (z. B. Tourismusinformation, Museen, Geschäfte) einlösen. Mit dem digitalen Tourenbuch sollen:

- der Spieltrieb und die Sammelleidenschaft der Besucher durch das Sammeln der Salzpfennige angesprochen werden (vgl. Abbildung 42),

[12] Viele Städte verdankten ihren Reichtum unter anderem dem sogenannten „Salzpfennig", einer Zolleinnahme, die nach Verleihung des Rechts, manche Städte erheben durften.

- spielerische Komponenten (Gamification) mit den Aktivitäten der BesucherInnen in Sozialen Medien (z. B. Facebook) und auf Tourismusplattformen (z. B. Wettbewerbe um die „digitale Wandernadel“) verknüpft werden und
- Erinnerungen der BesucherInnen (z. B. digitale Fotos inkl. Verortung des zurückgelegten Weges) analog zu traditionellen Tourenbüchern, mit der digitalen Speicherung des Erlebnisses festgehalten werden können (vgl. Abbildung 43).

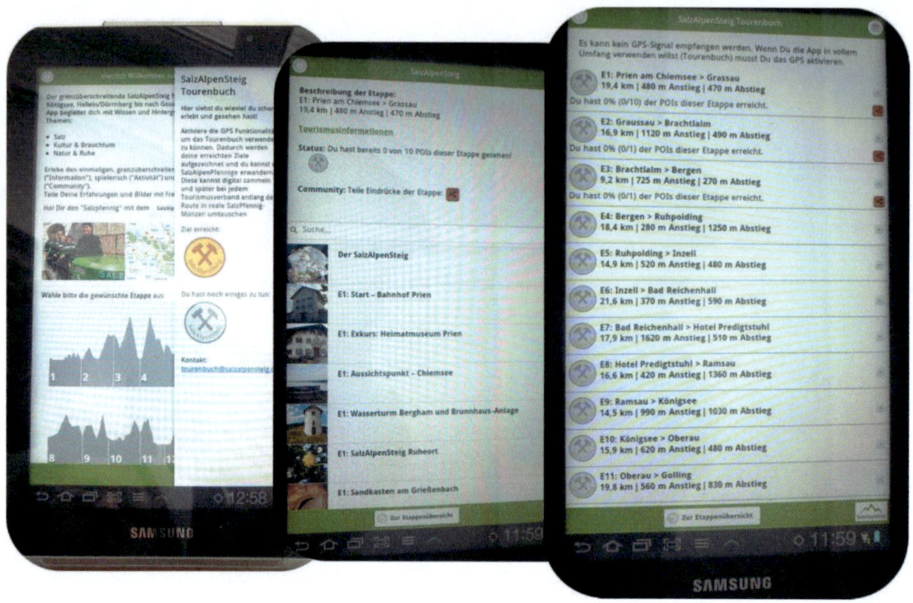

Abbildung 42: Konzept für Motivation zum Weitergehen – Salzpfennig SalzAlpenSteig Tourenbuch. Quelle: Salzburg Research, 2014

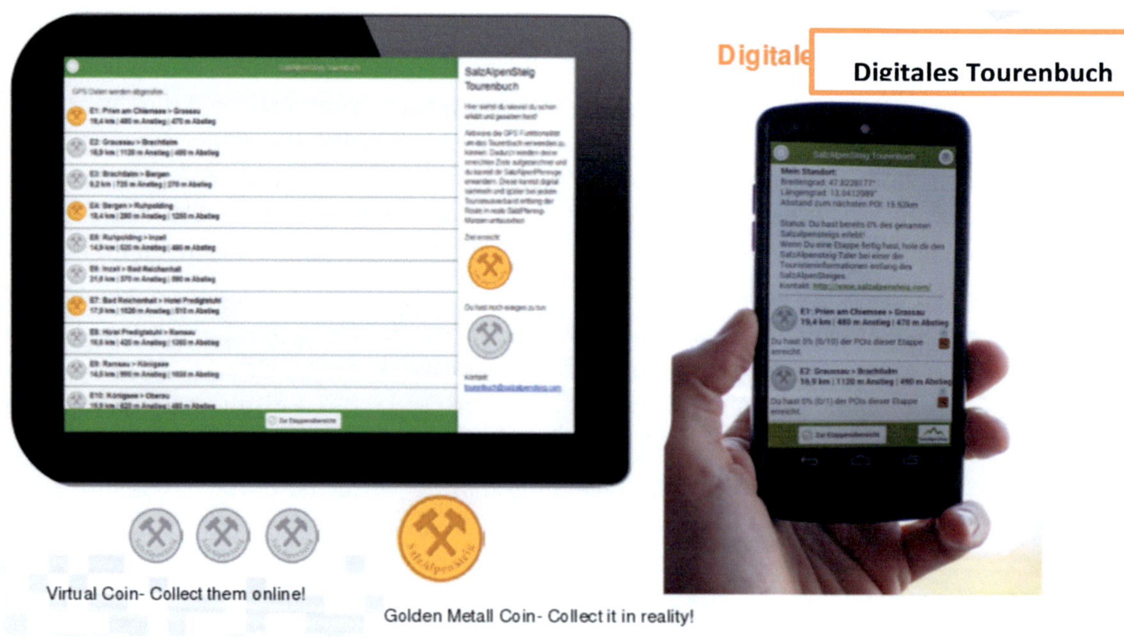

Abbildung 43: Konzept - Digitales Tourenbuch. Quelle: Salzburg Research, 2014

4.4 Technische Implementierung

Die im vorigen Kapitel beschriebenen mannigfaltigen Informationsanforderungen (Kulturinformation über jeweilige POIs entlang der Route, spielerische Kulturvermittlung, Tourismusinformationen, Logistik und Transfer/Teilen des Erlebten) bedingen eine IT-Lösung, die mit gängigen Stadtführungstools, z. B. Map2go nicht einfach umsetzbar ist. Im Folgenden sind die Anforderungen und neuen Funktionalitäten an eine App kurz zusammengefasst und die Hauptstruktur der mobilen Applikation gelistet.

4.4.1 IT-Anforderungen an eine App mit spezifischem Nutzen für ein Kultur- und Naturstraßen-Netzwerk

Die Anforderungen an eine mobile Anwendung für Kulturstraßen und Naturwege wurden in mehreren Meetings mit Beteiligten aus unterschiedlichen Fachrichtungen durchgeführt. Hierbei wurden wesentliche Punkte wie die Auswahl des Betriebssystems, die Auswahl der mobilen Endgeräte auf welchen die App funktionieren sollte und die gewünschten Funktionen festgehalten, welche bei der Entwicklung der Anwendung im Mittelpunkt standen.

Aspekte	Anforderungen im Detail
Module und Elemente	Folgende Module und Elemente sollen in der App sichtbar sein: • Information: Darstellung der Points of Interest (kurz: POIs) mit Bildern und Texten. Derzeit stehen insgesamt 143 POIs entlang der 18 Etappen des SalzAlpenSteigs zur Verfügung. • Aktivität: Einbau von speziellen spielerisch orientierten Funktionalitäten • Community: Möglichkeit des Teilens via Social-Media-Aktivitäten • Geografische Karte mit Anzeige des Verlaufs der Route und POIs. • Tourenbuch: Als spielerisches Element und zur Steigerung der Motivation
Content-erstellung	• Möglichkeit, dass die Inhalte der Points of Interest von Netzwerkpartnern gemeinschaftlich erstellt werden können (z. B. mehrbenutzerfähiges Redaktionssystem); • Flexible Änderungsmöglichkeiten für Inhalte der Points of Interest(POIs); denn diese können sich regelmäßig ändern und gehören gepflegt (z. B. Öffnungszeiten, Link zu touristischen Sehenswürdigkeiten)
Multimedia	• Multimediafähigkeit (Video, Audio, Images) für die verschiedenen Module • Spezielle multimediale Aktivitäten und Funktionalitäten wie Zeit-Slider, Alt-Neu-Überblendungen
Weiteres	• Plattform-Vielfalt: Wenig Entwicklungsaufwand für mobile Endgeräte auf diversen gängigen Plattformen (iOS, Android, WindowsPhone) • Möglichst Verwendung von Open Source Software, Open Educational Resources (wiederverwendbare Inhalte; Achtung auf Medienrechte) • Offene Schnittstellen zur Anbindung an vorhandene Kulturstraßen-Websites (Design/Farben) • Die multimedialen Inhalte und Community-Features müssen online und offline verfügbar sein. Letzteres ist speziell für das Begehen einer Naturroute wichtig. • Download-Manager: Ermöglichen der Auswahl einer Etappe bzw. des Medienumfangs. Dies reduziert das Datenvolumen und ermöglicht ein schnelleres Herunterladen auf das mobile Endgerät bei geringerem Speicherverbrauch für die Begehung einer Etappe in der Natur. • Responsives Webdesign (kurz: RWD): Reagiert auf die Eigenschaften des jeweiligen benutzten Endgeräts wie Smartphones und Tablet-Computers.

Diese Anforderungen an eine mobile Applikation für eine Kultur- und Naturstraße wurden mit Hilfe von drei Websystemen /-technologien umgesetzt, die in den folgenden Abschnitten näher beschrieben werden.

4.4.2 Contenterstellung mittels Content Management System: Wordpress

Zur Erstellung der kulturellen Inhalte der POIs wurde das mehrbenutzerfähige Content Management System (CMS) „Wordpress“ verwendet. Die Wordpress-Instanz bietet dem Redaktionsteam die Möglichkeit, jederzeit neue Etappen bzw. POIs zur Sammlung hinzuzufügen. Diese werden von der App online ausgelesen. Die Wordpress-Installation wurde um einen eigenen Inhaltstyp „POI" erweitert, welcher zusätzliche Felder für die Aktivitäten, sowie für die geographische Positionierung bietet. Diese Felder wurden mit einem Plug-In hinzugefügt.

Somit kann der Editor folgende Punkte hinzufügen:

- Titel, Vorschaubild, Haupttext und Kategorisierung
- Geocodierung des POIs
- Weitere Informationen (z. B. für weiterführende Literatur)
- Die zwei Bilder sowie den Text für den Alt-Neu Slider
- Bild und Text für das Schiebepuzzle
- Text und beliebig viele Bilder für den Zeitreise-Slider
- Frage, Bild sowie beliebig viele Antwortmöglichkeiten für das Quiz

Die Inhalte werden auf der Website alle ausgelesen und der POI wird auf einer Google Maps angezeigt.

Verwendete Plug-Ins: Advanced Custom Fields, Address Geocoder, JSON API

Mehr Systeminformationen auf: https://de.wordpress.org/

4.4.3 Datenaustauschformat – Transfer: JSON (JavaScript Object Notation)

Mit Hilfe des JSON API-Plug-Ins werden die Inhalte der Wordpress-Instanz als JSON-File zur Verfügung gestellt. Um die Einschränkung auf eine Sammlung (SalzAlpenSteig) zu realisieren, wurde eine kleine JSON API-Erweiterung (Plug-In „korkmaz") programmiert. Somit werden die Inhalte unter freigegeben[13].

Mehr Systeminformationen auf: http://json.org/json-de.html und http://de.wikipedia.org/wiki/JavaScript_Object_Notation

4.4.4 App-Entwicklungsumgebung: PhoneGap

Um die eigentliche App zu programmieren, wurde PhoneGap (http://phonegap.com) verwendet. Diese Entwicklungsumgebung erlaubt die Erstellung von Apps für iOS, Android, WindowsPhone sowie FirefoxOS mit Hilfe von HTML und Javascript.

Beim Start der SalzAlpenSteig-App werden die Inhalte des JSON-Files (Texte) in den lokalen Speicher („local Storage") des Smartphones kopiert, um zukünftig schnell zur Verfügung zu stehen. Die Darstellung der App ist mit Hilfe von jQuery Mobile (http://jquerymobile.com) realisiert, wodurch Funktionalitäten wie z. B. ein Sidepanel einfach umzusetzen sind.

Zur vollen Verwendung der App sind ein Online-Zugang sowie die Aktivierung der GPS-Funktion notwendig. Wenn man offline ist, sind Bilder, Videos und Audios nicht verfügbar und das Social Sharing ist nur teilweise möglich (abhängig von der Option, E-Mails werden z. B. in den Postausgang für den späteren Versand gegeben). Die Offline-

13 http://kulturerleben.salzburgresearch.at/api/korkmaz/get_taxonomy_posts/?taxonomy=poikategorie&slug=salzalpensteig

Nutzung ist in der derzeitigen Version noch nicht möglich. Für Bilder bietet sich dafür imgcache.js an. Für Videos müssten die Videodateien in der App inkludiert werden, das JSON-File durchsucht und die jeweiligen Videos durch die lokale Kopie mit Hilfe des PhoneGap-Plug-Ins html5Video ersetzt werden.

Die Daten aus dem JSON-File sowie den Multimediainhalten werden in der PhoneGap-Anwendung entsprechend dargestellt bzw. mit den entsprechenden Funktionalitäten erweitert. So kommen die Bilder und der Text zum Alt-Neu-Vergleich aus dem JSON-Online-Verbund. Die Darstellung des Sliders erfolgt aber in der PhoneGap-App. Das gleiche Prinzip ist bei dem Schiebepuzzle, dem Zeitreise-Slider sowie dem Quiz umgesetzt.

Das Social Sharing mit Hilfe des PhoneGap-Plug-Ins ist nur in der App verfügbar und dort programmiert. Ebenso ist das Tourenbuch nur in der App verfügbar (PhoneGap-Programmierung).

Verwendete PhoneGap-Plug-Ins: socialsharing, camera, dialogs, geolocation

Mehr Systeminformationen auf: http://phonegap.com/

4.5 Evaluierung

Um die Qualität des Produktes einzuschätzen und bereits im Prozess zu optimieren wurden eine Befragung, um Informationen über Einstellungen, Interessen und Motivation der potentiellen Nutzer zu erhalten, sowie ein Usability-Test mit einem unabhängigen Evaluationsteam durchgeführt. Beide Aktivitäten wurden von einer Studierendengruppe der IUBH - School of Business and Management, Campus Bad Reichenhall durchgeführt, wir danken dafür Carolin Fischer, Adrian Lipp und Susanne Schöndorfer.

4.5.1 Besucherbefragung auf der Tour Natur-Messe 2014

Vom 4. bis 6. September 2014 präsentierte sich der Premium-Weitwanderweg SalzAlpenSteig (kurz: SAS) zum ersten Mal auf der Düsseldorfer Messe „Tour Natur 2014“. Den BesucherInnen der Wander- und Trekkingmesse wurde dieser neue grenzüberschreitende Weg, welcher im Frühjahr 2015 eröffnet werden soll, vorgestellt und auch die multimediale Aufbereitung der einzelnen Etappen mit einer eigenen App-Lösung präsentiert. Um die Zielgruppe der potentiellen WanderInnen und deren Motive näher kennenzulernen, wurde an interessierte Besucher ein Fragebogen verteilt (vgl. Abbildung 44). Insgesamt nahmen 57 BesucherInnen an der Umfrage teil, davon waren 25 (44%) weiblich und 32 (56%) männlich. Als kleines Dankeschön wurden zehn Kompass-Faltkarten des SalzAlpenSteigs unter den Befragten verlost.

Abbildung 44: Besucherumfrage auf der Düsseldorfer Messe "Tour Natur". Quelle: SalzAlpenSteig e.V., 2014

Der überwiegende Teil der Befragungssteilnehmer mit über 30 Prozent gehörte zur Altersgruppe der 41- bis 50-Jährigen und 51- bis 60-Jährigen. Das durchschnittliche Alter der Befragten betrug 50 Jahre (vgl. Abbildung 45).

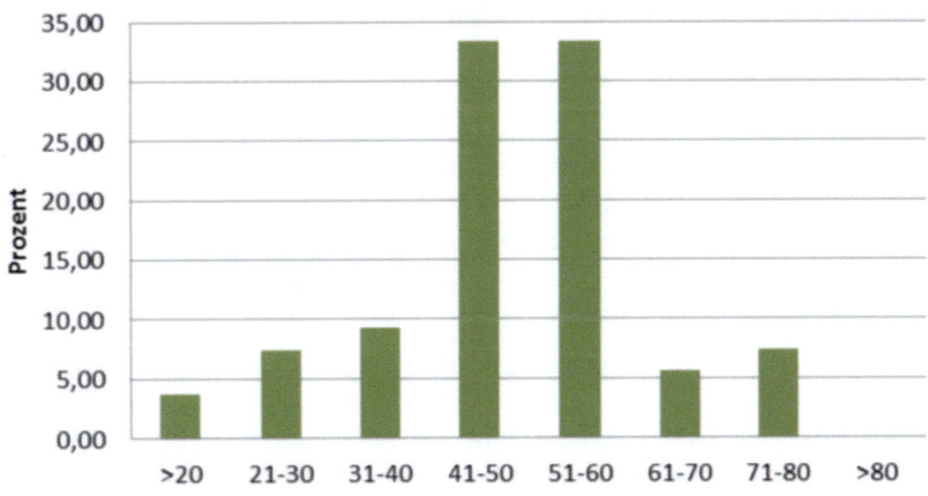

Abbildung 45: Altersverteilung der Befragungsteilnehmer (N=57; Basis 100%). Quelle: Befragung von BesucherInnen der Messe Tour Natur in Düsseldorf, 2014

Die großen, gefalteten Wanderkarten, die in der Vergangenheit zur Standardausrüstung der meisten Wanderer zählten, werden heute nach und nach durch die Allgegenwärtigkeit von mobilen Endgeräten ergänzt oder sogar verdrängt. Immer mehr von jenen

Menschen, die viel auf den Bergen unterwegs sind, können es sich kaum noch vorstellen, ohne digitaler Unterstützung zu wandern. Ob die Mitnahme und Verwendung eines mobilen Endgeräts auch für die Zielgruppe der Wanderer des SalzAlpenSteigs vorstellbar ist, sollte die nächste Frage zeigen.

Frage: Können Sie sich vorstellen, auf einer Wanderung des SalzAlpenSteiges ein mobiles Gerät (Mobiltelefon oder Tablet PC/iPad) mitzuführen?

Für 65 Prozent der Befragungsteilnehmer ist die Mitnahme und Verwendung eines mobilen Endgeräts (wie Smartphone oder Tablet) bei der Begehung des SalzAlpenSteigs klar vorstellbar. Zirka 21 Prozent müssen sich vom Mehrwert noch überzeugen, sind jedoch nicht abgeneigt, ein mobiles Endgerät mitzuführen. Nur 14 Prozent können es sich nicht vorstellen, ein mobiles Endgerät konkret zu nutzen bzw. einzusetzen (vgl. Abbildung 46). Die Gründe dafür wurden hier nicht näher erfragt. Es ist jedoch vorstellbar, dass sich diese Zielgruppe ganz auf das Ursprüngliche besinnen und während einer Wanderung einfach nicht erreichbar, lokalisierbar oder vernetzt sein möchte.

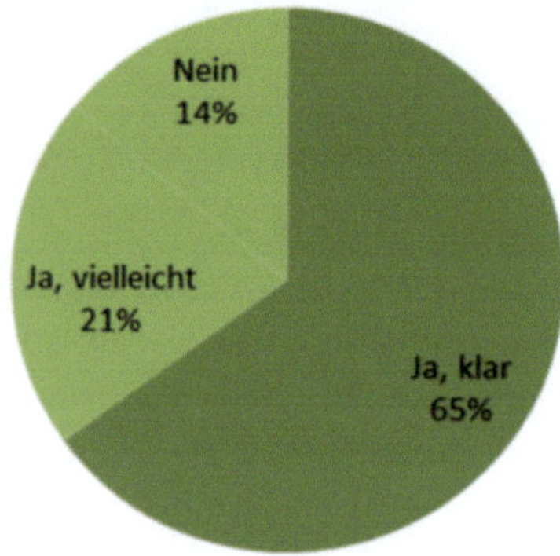

Abbildung 46: Verwendung eines mobilen Endgeräts entlang des SAS (N=57; Basis 100%). Quelle: Befragung von BesucherInnen der Messe Tour Natur in Düsseldorf, 2014

Die nächste Frage versuchte festzustellen, zu welchen Themen die Wanderer während der Begehung des SalzAlpenSteigs Informationen wünschen bzw. auf welche Themen sie mit einer mobilen App aufmerksam gemacht werden möchten.

Frage: Stellen Sie sich eine Wanderung am SalzAlpenSteig vor. Welche Themen würden Sie während der Wanderung interessieren?

Die Befragten gaben mit 91 Prozent an, dass die App sie hauptsächlich auf besondere Aussichtspunkte sowie Sehenswürdigkeiten (70%) entlang des Weges aufmerksam machen soll (vgl. Abbildung 47). Diese Resultate decken sich mit Brämers Analyse von 2014 (siehe Abbildung 3: Wandermotive im Zeitwandel, S. 13). Dies bestätigt auch die Vermutung, dass die Aufmerksamkeit der Wanderer auf die ausgewählten POIs und Aussichtspunkte, durch Kennzeichnung in der App hervorgehoben werden soll.

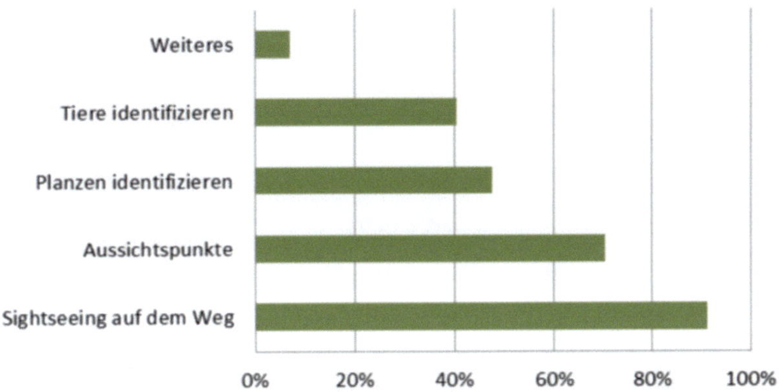

Abbildung 47: Hauptinteresse der Befragten (N=57; Basis 100%). Quelle: Befragung von BesucherInnen der Messe Tour Natur in Düsseldorf, 2014

Die letzte Frage an die BesucherInnen erfragt die Motiv- und Beweggründe der Befragten, weitere der insgesamt 18 Etappen des SalzAlpenSteigs zu bewandern.

Frage: Stellen Sie sich vor, dass Sie bereits eine Etappe des SalzAlpenSteigs durchwandert haben. Was würde Sie motivieren, mehr als nur eine bzw. auch die nächste Etappe zu bewandern?

Die Befragung zeigte, dass den Wanderern eine ausführliche Routenbeschreibung (51%), Hinweise auf Sightseeing-Punkte (31%; Dt. Sehenswürdigkeiten) sowie das Preis-Leistungs-Verhältnis (36%) wichtig sind, um die Wanderung entlang einer anderen Etappe wieder aufzunehmen. Im Gegenzug dazu spielen sportliche Ziele, das Kennenlernen anderer Wanderer oder die Bereitstellung eines Tourenbuchs eine eher kleinere Rolle für die Motivation (vgl. Abbildung 48). Hier hätte vermutlich bei der Befragung das Tourenbuch und die Idee Salzpfennige entlang der Etappen sammeln zu können, näher erläutert werden müssen.

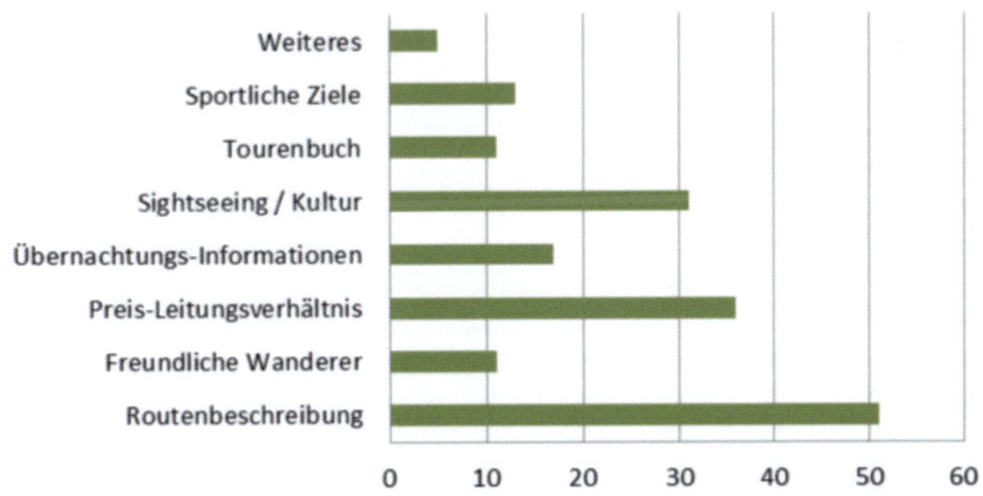

Abbildung 48: Motivation weitere Etappen entlang des SAS zu bewandern (N=57; Basis 100%). Quelle: Befragung von BesucherInnen der Messe Tour Natur in Düsseldorf, 2014

Zusammenfassend kann festgehalten werden, dass die Befragung wichtige allgemeine Anhaltspunkte zu den Motivations- und Beweggründen geliefert hat. Es wurde ersichtlich, welche Gründe den NutzerInnen besonders wichtig sind und welche sie zu einer Fortsetzung der Wanderung in einer weiteren Etappe des SalzAlpenSteigs motivieren würden.

4.5.2 Usability-Test der SalzAlpenSteig-App

Eine Studentengruppe der internationalen Hochschule IUBH - Campus Bad Reichenhall machte sich Anfang Oktober 2014 auf, um die erste Etappe (Etappe 1: Prien am Chiemsee – Grassau) des SalzAlpenSteigs mit ihren mobilen Endgeräten abzugehen. Mit zwei Smartphones und zwei Tablets wurde die entwickelte SalzAlpenSteig-App (Version: Oktober 2014) entlang der Strecke getestet. Alle Studierenden gaben nach der Begehung, in Form eines vorgefertigten Feedback-Bogens, ihre Meinung zu den Bereichen Aufbau und Gestaltung, Navigation und Orientierung sowie Funktion und Information (Module und Tourenbuch) der App-Anwendung ab. Im Folgenden wurden die gesammelten Ergebnisse, Rückmeldungen und Verbesserungsvorschläge zusammengefasst.

Folgende positiven Elemente der SalzAlpenSteig-App wurden von den Studierenden besonders hervorgehoben (vgl. Abbildung 49).

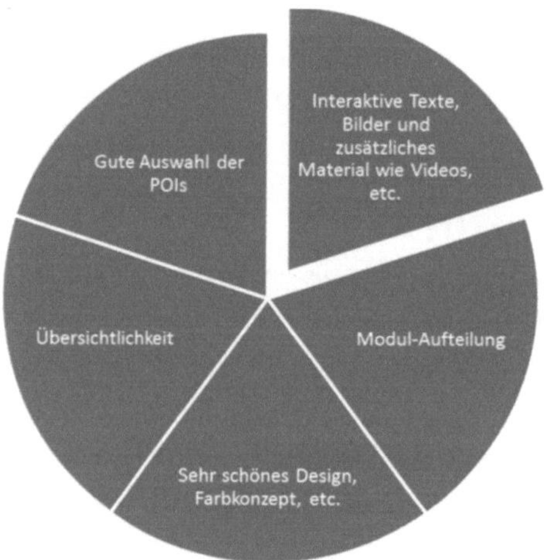

Abbildung 49: Positive Elemente der SalzAlpenSteig-App. Quelle: Benutzertest der SalzAlpenSteig-App, Salzburg Research, 2014

Insgesamt sind sich die Studierenden einig, dass sich die SalzAlpenSteig-App durch ihre Übersichtlichkeit auszeichnet. Die Testgruppe findet sowohl die Farbgebung als auch das Design der App sehr ansprechend gewählt. Interaktive Texte, Bilder und die zusätzliche multimediale Aufbereitung der POIs mit Videos und Audios unterstreichen die gute Auswahl der POIs entlang der ersten Etappe. Auch die Modul-Aufteilung in Information und Wissen, Aktivität, Community und Tourenbuch ist in der App gut gelöst.

Zusammenfassend konnten diverse Anregungen und Verbesserungsvorschläge bei der Verwendung und Analyse der App von den Studierenden identifiziert werden. Diese waren sowohl technischer als auch inhaltlicher Natur, wurden von der Testgruppe gesammelt und sind im Folgenden gelistet.

Technische Probleme und Anregungen	• Quer- und Hochformat als Problematik • Kein Vollbild bei Videos und mehrfaches Abbrechen der Filme • Verschicken von Postkarten • Formatierungsfehler
Inhaltliche Probleme und Anregungen	• Auffindbarkeit des genauen Startpunktes der Etappe • Auffindbarkeit des POI „E1: Exkurs Heimatmuseum Prien“ • Beschilderung der POIs (am Ort und in der App) • Aktivitäten wie z. B. die Quizfragen könnten noch ausgebaut und attraktiver gestaltet werden
Bildliche Etappendarstellung	• Bildliche Etappendarstellung auf der jeweiligen Übersichtsseite • Dadurch wird ein Anzeigen des exakten Routenverlaufs, der POIs, Exkurse und weiteren interessanten Punkten klar und übersichtlich dargestellt • Standorterkennung durch GPS
Deutlichere Markierung vor Ort und Hervorhebung der POIs in der App	• Akustisches Signal bei Erreichung eines POIs • Bei der Überschrift sollte nicht immer nur „SalzAlpenSteig“ sondern auch die Etappe selbst vermerkt werden
Tourenbuch	• Tourenbuch bereits stärker auf der Startseite hervorheben • Durchnummerierung und graphische Darstellung des Tourenbuchs mit Erreichen der POIs • Überblick wie viele der möglichen Punkte entlang der Etappe schon erreicht wurden
Weitere Ideen	• Höhenprofildarstellung mit Standorterkennung durch GPS • Aktivitäten entlang der Etappe mit FreundInnen teilen • Anfeuerung von Freunden über ein Live- Feedback (z. B. „Du schaffst es!“; „Go go go!“; Applaus etc. ähnlich der Runtastic-App)

Einige dieser Punkte wurden bereits in der nachfolgenden Version der App-Anwendung (Stand: November 2014) gelöst oder eingebaut.

5 Literatur und Ressourcen

Amyma (2014). Location Based Serivices. Online unter: https://www.amyma.lu/de/news-und-blog/location-based-services.html am 21.11.2014

Bad Reichenhaller (2014). Wie kam das Salz in die Alpen? Online unter: http://www.bad-reichenhaller.de/de/salzwissen/detail/article/wie-kam-das-salz-in-die-alpen.html am 12.11.2014

Becker, Christoph (1993): Kulturtourismus: Eine Einführung. In: Becker/Steinecke (1993). S. 7-9

Brämer, Rainer (1998): Profilstudie Wandern. Gewohnheiten und Vorlieben von Wandertouristen. Wandern Spezial, Nr. 62. Marburg. Entnommen von http://www.landentwicklung.de/fileadmin/sites/Landentwicklung/Dateien/Investive_Massnahmen/Tourismus/Wandertourismus.pdf

Brämer, Rainer (2014): Wandermotive im Zeitwandel. Jüngere Studien kommen zu unterschiedlichen Trends. Studie zum sanften Natursport. Wanderforschung.de (6/2014), Motivreihen. Entnommen von http://www.wanderforschung.de/files/motivreihen_1406262147.pdf

Breier, Jan (2014). Unsichbares Bremen. Eine Stadt im Wandel der Zeit. Online unter: http://www.areablue.de/reisefuehrer-app-konzept/video-prototyp-stadtfuehrer-app.html

Casey, Chris (2014). Augmented reality lifts awareness of nature preservation. Online unter: http://phys.org/news/2014-01-augmented-reality-awareness-nature.html am 03.04.2014

Emmanouilidis, Christos; Koutsiamanis, Remous-Aris; Tasidou, Aimilia & Leontiadis, Stefanie (2013). Digital Support System Development; Supporting Cultural Route sustainability via innovative digital heritage applications and services" in Manual of Wise Management, Preservation, Reuse and Economic Valorisation; of Architecture, of Totalitarian Regimes, of the 20th Century. Municipality of Forli and University of Ljubljana, Faculty of Architecture, Forli and Ljubljana: 2013. ISBN: 978-961-6823-32-6. Online unter: http://www.academia.edu/4775663/Digital_Support_System_Development_Supporting_Cultural_Route_sustainability_via_innovative_digital_heritage_applications_and_services am 26.11.2014

FACEinHOLE (2014). Germany Dirndl. Online unter: http://www.faceinhole.com/v2/CreateScenario.asp?maskid={dd1735c7-ac76-4103-a8cb-800182b703e3} am 07.04.2014

Geo.de (2014). Schiebepuzzle. Online unter: http://www.geo.de/GEO/interaktiv/schiebepuzzle/spiel-schiebepuzzle-72486.html am 21.11.2014

Geocaching.com (2014). Gletscherschliff. Online unter: http://www.geocaching.com/seek/gallery.aspx?guid=ce00dc0c-3d5e-4a68-bb49-afc6039312e1 am 21.11.2014

Große Burlage, Martin (2014). Salz als weißes Gold: Famos inszenierte Schau visualisiert mit einzigartigen Funden die Lebenswelt der Kelten von Hallstatt. Rezension zur Wanderausstellung: Das weiße Gold der Kelten – Schätze aus dem Salz (23. August 2014 – 25. Jänner 2015). Online unter: http://www.historischeausstellungen.de/werbung/wer_RezensionDasweisseGoldderKelten-Herne.pdf am 28.10.2014

Hornung-Prähauser, Veronika (2014). Modell: Komplexe Informationsbedürfnisse von KulturtouristInnen. Modell erstmals vorgestellt auf dem 10. Brennpunkt eTourism 2014. Präsentation unter: http://www.salzburgresearch.at/wp-content/uploads/2014/07/Hornung-

Pr%C3%A4hauser_Salzburg-Resesearch_CERTESS-Projekt_Kulturstrassen20_Brennpunktetourism_Session4_23102.pdf am 24.11.2014

iTunes Apple (2014). Try It On. Online unter: https://itunes.apple.com/us/app/try-it-on/id405432672?mt=8 am 07.11.2014

Lens-Fitzgerald, Maarten (2009). Layar in the New York Times. Online unter: https://www.layar.com/news/blog/tags/new-york-times/ am 11.10.2014

Lindstädt, Birte (1994): Kulturtourismus als Vermarktungschance für ländliche Fremdenverkehrsregionen. Ein Marketingkonzept am Fallbeispiel Ostbayern. Trier: Geographische Gesellschaft Trier 1994, S. 13

Martens, Johannes; Treu, Georg & Kupper, Axel (2007). Ortsbezogene Community-Dienste am Beispiel eines mobilen Empfehlungsdienstes. In: Hess, T. (Hrsg.): Ubiquität, Interaktivität, Konvergenz und die Medienbranche – Ergebnisse des interdisziplinären Forschungsprojektes intermedia, Göttingen, S. 71 – 82. Online unter: www.oapen.org/download?type=document&docid=400267 am 03.11.2014

MobileMarketingWatch (2010). Visa Enters The Location-Based Mobile Marketing Space With New iPhone App. Online unter: http://www.mobilemarketingwatch.com/visa-enters-the-location-based-mobile-marketing-space-with-new-iphone-app-11875/ am 02.04.2014

Naturpark Kyffhäuser (2014). Kyffhäuserweg mit QR-Code sichtbar machen. Online unter: http://www.naturpark-kyffhaeuser.de/kyffhaeuserweg-qrcode am 21.11.2014

NOUS Wissensmanagement GmbH (2014). Augmented Reality. Online unter: http://www.nousguide.com/en/business-solutions/mobile-strategies/augmented-reality/ am 21.11.2014

Pössneck, Lutz (2010). Augmented Reality in Aktion. Online unter: http://www.silicon.de/41538519/augmented-reality-in-aktion/ am 07.04.2014

Schön, Sandra; Wieden-Bischof, Diana; Schneider, Cornelia und Schuhmann, Martin (2011). Mobile Gemeinschaften. Erfolgreiche Beispiele aus den Bereichen Spielen, Lernen und Gesundheit. Mit Beiträgen von Döring, Nicola; Ebner, Martin; Kittl, Christian und Maxl, Emmanuel. Band 5 der Reihe Social Media, herausgegeben von Güntner, Georg und Schaffert, Sebastian. Salzburg Research, Salzburg.

Shamah, David (2013). Seeing things as there were – there's an Israeli app for that. Online unter: http://www.timesofisrael.com/seeing-things-as-they-were-theres-an-israeli-app-for-that/ am 21.11.2014

Skladal, Carina (2014). Das Smartphone im Einsatz der Waldpädagogik. Online unter: http://mfg.fhstp.ac.at/allgemein/waldpaedagogik/ am 07.04.2014

Simon, Geoff (2014): Why 70% of Forbes Global 2000 organizations are building gamification apps. Technorati. Entnommen von http://technorati.com/70-forbes-global-2000-organizations-building-gamification-apps/.

Steckenbauer, Christian G. (2004). Kulturtourismus und kulturelles Kapital. Die feinen Unterschiede des Reiseverhaltens. In: Mörth, Ingo (Hrsg.) (2004). Das Verbindende der Kulturen; Internet-Zeitschrift für Kulturwissenschaften; Nr. 15. Online unter: http://www.inst.at/trans/15Nr/09_1/steckenbauer15.htm am 15.10.2014

Steinecke, Albrecht (2002): Kulturtourismus in der Erlebnisgesellschaft. Trends – Strategien – Erfolgsfaktoren. In: Geographie und Schule, 24 (2002) 135. S. 10

The New York Times (2009). Kicking Reality Up a Notch. Online unter: http://www.nytimes.com/2009/07/12/business/12proto.html?_r=1&em am 21.11.2014

Tourismusdesign (o.J.) Darstellung: Die Phasen der Reise. Online unter http://www.tourismusdesign.com/2013/07/produktentwicklung-ski-ride-vorarlberg/ am 17.11.2014

Tourismusverband Mühlbach (2014). Geocaching – Schnitzeljagd. Online unter: http://www.bergdorf-der-tiere.at/de/wandern-in-der-region-hochkoenig/geocaching am 21.11.2014

Via Regia (2014). Der Kulturtourist als Rezipient. Online unter: http://www.via-regia.org/gis/kulturtourist.php am 03.11.2014

Voleti, Kiran (2013). ARYS App – Leave virtual messages anywhere in the city! Online unter: http://www.realareal.com/arys-app-leave-virtual-messages-anywhere-city am 07.04.2014

Weber, Jessika (2014).Gaming and Gamification in Tourism. Digital Tourism Think Tank. Entnommen von http://thinkdigital.travel/wp-content/uploads/2014/05/Gamification-in-Tourism-Best-Practice.pdf am 17.11.2014

Wikipedia (2014a). QR-Code. Online unter: http://de.wikipedia.org/wiki/QR-Code am 11.04.2014

Wikipedia (2014b). Salzstraße. Online unter: http://de.wikipedia.org/wiki/Salzstra%C3%9Fe am 14.11.2014

Wikitude (2014). Showcase des Ludwig Boltzmann Instituts - Institute for Archaeological Prospection and Virtual Archaeology (LBI ArchPro), Römische Gladiatorenschule; Archäologiepark Carnuntum: Online unter: http://www.wikitude.com/showcase/wikitude-brings-roman-history-life-carnuntum/ am 03.11.2014

Woodford, Chris (2014). Augmented reality (AR). Online unter: http://www.explainthatstuff.com/how-augmented-reality-works.html am 21.11.2014

Zhang, Michael (2010). Museum of London Releases Augmented Reality App for Historical Photos. Online unter: http://petapixel.com/2010/05/24/museum-of-london-releases-augmented-reality-app-for-historical-photos/ am 09.04.2014

6 Zu den Autorinnen

Dr. phil. Mag. rer. soc. oec. Veronika Hornung-Prähauser, MAS, Senior Researcher, seit 2001 bei Salzburg Research Forschungsgesellschaft. Ihre Forschungsschwerpunkte sind Innovationsmanagement-Methodenforschung für IKT-basierte Produkte und Dienstleistungen im Gesundheits-, Kultur-, Bildungs- und Wirtschaftsbereich (Dissertation am ICT&S Center Universität Salzburg: „Systemic ICT-Based Innovation"). Lektorin der FH Salzburg für „Komplexe Innovationsmanagement-Methoden" (2012-2013).

Mag. Diana Wieden-Bischof forscht seit 2004 als wissenschaftliche Mitarbeiterin im InnovationLab der Salzburg Research Forschungsgesellschaft. Die studierte Kommunikations-wissenschaftlerin konzentriert sich dabei auf die sozialwissenschaftliche Analyse von (neuen) Informations- und Kommunikationstechnologien in unterschiedlichen Anwendungsbereichen. Ihr besonderes Interesse liegt in den Möglichkeiten der Einbindung von nutzergenerierten Content und im Bereich der innovativen und technologisch gestützten Informations- und Kommunikationsprozesse mit einem Fokus auf Social Media.